油气田低碳节能技术应用

文　章　李汝勇　任永苍◎主编

中国石化出版社
·北　京·

内 容 提 要

本书系统探讨了油气田低碳节能技术的应用与发展，涵盖了低碳与节能的基本概念、油气田开发中的能源消耗、低碳节能技术分类、低碳节能技术应用案例及低碳节能思考与展望。通过对减碳、替碳与固碳技术的详细介绍，结合油田在集输、处理、机采、注入、供配电及碳汇林固碳等多环节的实际应用案例，分析了油气田低碳转型的发展趋势，并提出了油气田低碳节能发展的建议。

本书内容全面、系统，既有理论阐述，又有实际应用案例，适合从事油气田开发、低碳节能技术研究的技术人员、研究人员、管理人员以及相关专业师生学习参考。

图书在版编目(CIP)数据

油气田低碳节能技术应用 / 文章，李汝勇，任永苍主编 ; 雷霆等副主编. — 北京 : 中国石化出版社，2024. 12. — ISBN 978-7-5114-7785-9

Ⅰ. TE43

中国国家版本馆 CIP 数据核字第 20252M1F86 号

中国石化出版社出版发行

地址：北京市东城区安定门外大街 58 号
邮编：100011　电话：(010)57512500
发行部电话：(010)57512575
http://www.sinopec-press.com
E-mail:press@sinopec.com
北京艾普海德印刷有限公司印刷
全国各地新华书店经销

*

710 毫米×1000 毫米 16 开本 11.25 印张 225 千字
2025 年 1 月第 1 版　2025 年 1 月第 1 次印刷
定价：66.00 元

《油气田低碳节能技术应用》

编委会

前言

在全球气候变化日益严峻的背景下，低碳节能技术的研发与应用已成为各行各业追求可持续发展的关键路径。油气行业作为能源消耗与碳排放的重要领域，其低碳转型不仅关乎企业自身的成本控制与竞争力提升，更是实现全球碳中和目标的必要一环。特别是在我国提出“双碳”战略及3060目标(即2030年前达到碳排放峰值，2060年前实现碳中和)的大环境下，油气行业的低碳节能技术应用显得尤为迫切与重要。

近年来，我国油气田开发技术取得长足进步，但在低碳节能方面仍面临诸多挑战。油气田开发过程中的能源消耗巨大，尤其在采油、集输等环节，能源利用效率相对较低，碳排放强度较高。这不仅增加了生产成本，也制约了企业的竞争力提升。同时，油气田低碳技术的研发投入相对不足，技术创新能力有待加强。低碳节能技术在各油气田企业的推广应用程度参差不齐，缺乏统一的技术规范和标准，进一步阻碍了低碳节能技术的深入应用和效果发挥。

鉴于此，本书旨在深入探讨油气田低碳节能技术的应用与发展。主要章节内容如下：

第一章，系统阐述低碳与节能的基本概念，包括低碳的内涵与实质、碳排放与低碳经济的关系，以及节能提出的背景与内涵。同时，分析油气行业发展中存在的主要问题，并对我国油气田企业的节能降耗情况进行了概述，对油田能耗结构进行深入分析，构建油气田能源效率评价指标体系。

第二章，将低碳节能技术分为减碳、替碳与固碳三大类，并分别介绍各类技术的具体应用场景与效果。减碳技术主要关注零散气回收与火炬熄灭；替碳技术则涉及机采与集输系统的优化；固碳技术则着重于陆地植被固碳量的测算与提升。

第三章，以塔里木油田为例，详细阐释了低碳节能技术在集输、处理、机采、注入、供配电及碳汇林固碳等多环节的实际应用案例，包括管道减阻、加热炉优化、井下节流加热、注水系统优化等技术，以及光伏发电、零散气回收等利用方式。

第四章，总结油气田低碳节能技术的现状与挑战，分析油气田低碳转型的发展趋势，包括碳排放双控体系的构建、油气与新能源的融合发展、生产模式的变革以及数字化智能化的转型。最后，提出油气田低碳节能发展的建议。

本书特色突出，各章节内容紧密衔接，逻辑清晰，既保证了内容的全面性和系统性，又突出了各部分的独特性和创新性。

在“双碳”目标的引领下，油气田行业的低碳转型已是大势所趋。本书愿为这一伟大进程贡献绵薄之力，助力油气行业实现绿色、低碳、可持续的发展目标。

本书由文章统筹策划，李汝勇、任永苍统一组织撰写：第一章由徐乐、刘曼琴、伍悦、范玮、高洁玉、郭新勇等撰写，由祝伟、林国强校稿审定。第二章由邓志彬、段林、刘黎明、刘庆伟等撰写，由赵志勇、王克林、刘绍东校稿审定。第三章由赵卫东、苗馨月、何伟、黄刚、张丽、黄春建、潘旭、魏志强、相海杰、柳楠、乔文序、任久明、石鑫、赵庆文等撰写，由张朋岗、程曦、梁晓飞、刘鹏程、赵志勇、苗馨月、刘国德、张丽、袁俊、李丽娜、王克林校稿审定。第四章由邓乾星、王克林、汪敏等撰写，由祝伟、林国强校稿审定。全书编委会经数次讨论，由苗馨月负责统稿工作，文章最终定稿。

本书对国内外相关领域的专家学者表示衷心的感谢，其研究成果为本书的编写提供了宝贵的参考和借鉴。

本书虽力求全面、准确、深入地探讨油气田低碳节能技术的应用与发展，但受限于篇幅和作者水平，难免存在不足之处，诚挚地欢迎广大读者批评指正，共同推动油气田低碳节能技术的不断进步与发展。

目录

第一章

低碳节能概述

第一节　减碳技术

■ 1　低碳的内涵与实质

“低碳”这一概念源于英文“Low-carbon”，指的是减少温室气体的排放。在理论探讨与政策制定层面，无论是学术界还是各国政府，对于低碳经济的定义已形成广泛共识，即低碳经济是一种经济发展模式，特征是在推动经济增长的过程中，以尽可能低的温室气体排放为代价。低碳经济模式以低能耗、低污染和低排放为基本特征，核心宗旨在于降低碳排放量，目标在于实现经济与社会健康、快速和可持续的发展，旨在寻求经济社会发展与生态环境保护之间的双赢策略。

“低碳经济”这一概念首次正式出现于《我们能源的未来：创建低碳经济》的能源白皮书中。面对英国能源和资源供应日益紧张的现实，英国政府开始深刻理解到能源可持续利用的至关重要性。英国从曾经的自给自足型能源供应国家逐渐转变为依赖进口能源的国家。与此同时，气候变化对经济和社会的威胁也在逐步加剧。在此背景下，英国政府意识到确保能源安全和应对气候变化的迫切性。因此，英国政府设定一个宏伟目标，即到2050年将二氧化碳排放量在1990年的水平上减少至少60%。为此，英国政府提出一系列措施，包括建立稳定的能源供应体系，引入新的碳排放交易体系和竞争机制，以此将英国转型为一个低碳经济的国家。

■ 2　碳排放、低碳能源与低碳经济

2.1　碳排放

碳排放是指在一定时间和空间范围内，温室气体，尤其是二氧化碳(CO_2)和甲烷(CH_4)等释放到大气中的过程。这一现象主要由以下几个方面引起：①化石燃料和生物质的燃烧：当燃烧煤炭、石油、天然气等化石燃料，或者使用生物质(如木材)作为能源时会释放出存储的太阳能量，这些能量在数百万年的生物化

学过程中被捕获。燃烧过程中，碳与氧结合生成 CO_2，释放到大气中。②工业活动：许多工业生产过程，如生产石灰、水泥、玻璃和铁，也会产生 CO_2。例如，在高温条件下生产石灰石和白云石时，碳酸盐会发生分解反应，释放出 CO_2。③土地利用变化和农业活动：如砍伐森林、草原转变为农田，以及养殖业的生产等都会影响碳的储存和排放。森林被砍伐后，原本储存的碳会通过微生物分解等过程释放出来。此外，某些农业活动，如稻田种植，也会直接排放甲烷。

这些活动导致的 CO_2 和甲烷等温室气体的排放，是加剧全球气候变化的主要因素之一。为应对气候变化，需要采取措施减少这些温室气体的排放，如提高能源效率(提高住宅、商业和工业建筑的能源效率，使用更高效的电器和照明)、发展可再生能源(发展和利用太阳能、风能、水能、生物质能等可再生能源，以减少对化石燃料的依赖)、改善工业生产过程(在交通、工业和电力生产中使用替代燃料，如乙醇、生物柴油和氢气)、保护森林和湿地等(保护现有森林，防止过度砍伐，并通过植树造林吸收大气中的 CO_2)。

在全球范围内，人类活动导致的甲烷排放主要集中在上游领域：化石燃料产业、废弃物处理和农牧业。化石燃料甲烷排放占比大约为35%，农牧业占40%，而废弃物处理领域，包括垃圾填埋和废水处理，则占25%。从总量来看，农牧业是甲烷排放的最大来源，化石燃料产业紧随其后。废弃物处理则排在第三位。

在温室气体的讨论中，通常有广义和狭义两种视角。广义上，碳排放包括二氧化碳、甲烷、氧化亚氮等六种温室气体。狭义上，碳排放主要关注二氧化碳的排放量。在所有温室气体中，二氧化碳的排放占主导，约占总排放量的80%。甲烷排放量则约占16%~17%，排在第二位。氧化亚氮排在第三位，其余三种含氟气体的排放量较少，合计占总排放量的3%~5%左右。因此，有效减少温室气体排放的关键在于降低二氧化碳的排放量，这对应对全球气候变化和保护环境至关重要。

2.2 低碳能源

低碳能源是一种既节能又减排的能源，其发展集中在两个核心领域：一是需求端，通过减少对高碳能源的依赖来降低碳排放需求；二是供应端，推广和应用替代高碳能源的解决方案，如核能、天然气和各种可再生能源。实施低碳能源战略需采用多管齐下的方法，包括开发和利用可持续的清洁能源，以减少二氧化碳的排放，并逐步摆脱对煤炭、石油等化石燃料的依赖。为实现这一目标，必须构建一个完整的低碳产业体系，其中包含多项措施：大力发展和利用风能、太阳能、水能等清洁能源，减少对化石燃料的依赖，改进发电和输电技术，减少能源浪费，提高整体能源利用效率，支持新能源汽车以及推广环保设备和应用节能材料等。这一系列措施共同构成向低碳社会转型的关键路径，而这也是应对气候变化、保护环境、实现可持续发展的必由之路。

2.3 低碳经济

低碳经济是指在可持续发展理念指导下，低碳发展、低碳技术、低碳产业、低碳能源和低碳生活等多种经济形态的综合体现。对于低碳的理解，通常可以从三个层次来概括：

(1) 温室气体排放增长与 GDP 增长分离：在这种情况下，尽管 GDP 持续增长，但温室气体排放的增长速度得到了有效控制，增长速率低于 GDP 的增长速度。这表明社会在追求经济增长的同时，也在积极采取措施减少对环境的影响。(2)净零排放：这一层次的低碳经济意味着在某个时点上，温室气体的排放量达到峰值并开始逐渐趋于零。这要求社会在经济活动中实现排放与吸收的平衡，通过碳捕捉、碳汇等手段，逐步减少直至实现零碳排放。(3)绝对排放量减少：在这第三个层次中，社会不仅要控制温室气体排放的增长速度，还要实现排放量的绝对减少。这意味着需要采取更为积极的措施，通过能源结构优化、能效提升、产业结构调整等途径，不断地降低排放水平，以达到环境保护和气候变化应对的目标。

低碳经济理念最初由英国倡导，核心目标在于应对全球气候变化的严峻挑战。但世界各国和地区之间存在发展水平上的差异，因此也导致在减少温室气体排放量和承担减碳成本上的不均衡性。在这种背景下，发达国家与发展中国家之间的合作与交流显得尤为关键。低碳经济理念成为连接双方的纽带，主要目标是通过提高能源效率和优化清洁能源的构成，推动能源技术与产业结构的创新发展，并引导全球社会在生存与发展观念上的根本转变。

低碳经济对不同类型的经济体提出了不同的挑战。对于发达国家而言，由于其工业和生产活动已大量向发展中国家转移，其需要依靠技术创新来减少自身的绝对碳排放量。此外，它们可能还需要通过技术支持、资金援助或购买碳排放权等途径，协助发展中国家降低碳排放。而发展中国家则需要在实现经济增长的同时，努力减少相对碳排放。这种差异性的要求强调了全球减排努力的复杂性和多样性，需要国际社会共同努力，通过合作和资源共享，以实现全球气候目标的均衡和有效推进。

2.4 经济增长与碳排放的关系

在以往，碳排放被视为燃烧活动的伴随产物而未受到足够重视。然而，随着

《联合国气候变化框架公约》及《京都议定书》的相继通过，碳排放问题逐渐上升为国际社会关注的中心议题。在公约附件一中，各国开始承诺履行减排义务，以实现《京都议定书》所设定的排放控制目标。这一转变与“环境库兹涅茨曲线”理论相契合，即一个国家的碳排放控制难度与其在该曲线上的发展阶段密切相关。

库兹涅茨曲线（Kuznets Curve，KC）最初由库兹涅茨提出，用以描述人均收入与收入分配公平性之间的倒U形关系，即在经济初始增长阶段，收入不平等现象加剧，而到达一定程度后，随着经济的进一步增长，不平等现象逐渐减轻。随后，美国经济学家格鲁斯曼及其同事在研究中观察到，颗粒物、二氧化硫等污染物的排放量与经济增长之间也存在类似的倒U形关系。具体而言，在经济水平较低的阶段，环境污染物的排放量相对较低，对生态环境的影响较小；随着经济的发展，污染物排放量增加，环境压力随之增大；然而，当经济达到某一临界点后，若污染未超过环境阈值，污染物的排放量将随着经济的继续增长而开始下降，此现象被定义为环境库兹涅茨曲线（Environmental Kuznets Curve，EKC），如图1-1所示。

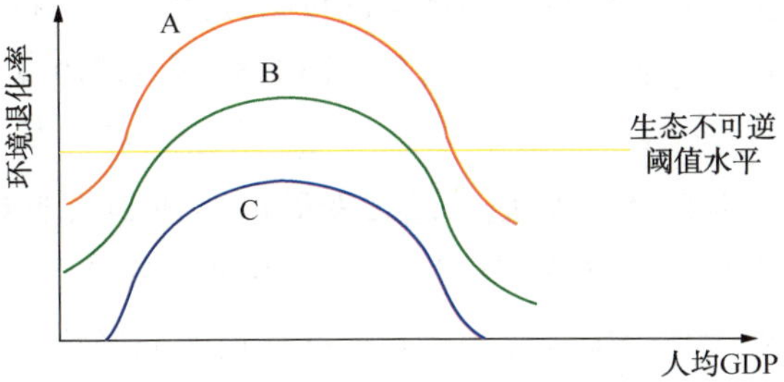

图1-1　环境库兹涅茨曲线

自1992年联合国环境与发展会议采纳《联合国气候变化框架公约》，以及1997年京都会议通过《京都议定书》以来，二氧化碳排放的EKC实证分析成为学术界研究的一个焦点。尽管如此，关于二氧化碳排放与经济发展关系的研究，至今尚未得出一致的结论。

目前已有研究证实二氧化碳（CO_2）与人均收入之间存在线性、二次和三次递减的关系。其中，支持二氧化碳排放环境库兹涅茨曲线（EKC）存在的有效证据包括世界银行的相关研究成果。在这些研究中，EKC曲线的人均收入拐点的范围为从接近8000美元（1985年价）到超过35428美元（1986年价）。最近，Richmond通过研究基于36个国家，包括20个发达国家（OECD）和16个发展中国家（非OECD）在内的1973—1997年公布数据，发现OECD国家收入与能源利用和碳排放之间存在拐点，而对于非 OECD 国家而言两者并不存在 EKC 关系。Galeotti 的结论与之类似。Huang 等则发现德国、日本、荷兰、加拿大、美国和比利时符合碳排放的环境库兹涅茨曲线（EKC）关系，而英国、法国呈现递减关系，意大利、西班牙和葡萄牙则呈现递增趋势。可见，现有的研究结果倾向于支持二氧化碳排放与经济增长之间存在倒 U 形关系。

■ 3　低碳发展

低碳发展是一种集低排放、低污染、低耗能等关键要素于一体的可持续发展模式，强调在应对气候变化和减少温室气体排放的挑战下，实现经济社会发展的同时，也能有效地保护和改善环境与生态系统。低碳发展的核心是减少以二氧化碳为主的温室气体排放，这一理念贯穿于社会生活的各个层面，包括倡导低碳理念、发展低碳产业、倡导低碳消费模式、推动低碳科技创新以及建立低碳制度等。

作为生态文明建设的重要组成部分，低碳发展是推动经济社会全面发展和现代化进程的重要选择，对于实现经济社会的可持续发展具有长远的意义，不仅有助于减少环境污染和生态破坏，还为实现资源节约型、环境友好型社会提供了重要的路径和策略。

面对全球气候变暖的严峻挑战，低碳发展已经成为人类社会的重要发展战略，其核心目标在于减少二氧化碳排放，同时促进经济社会的全面进步和繁荣。低碳发展并非仅局限于减少碳排放，更是一种深层次的经济结构转型和社会发展模式创新，旨在通过碳减排实现经济效益、社会效益和产业竞争力的全面提升。

在这一全球性的战略转型中，低碳发展理念已成为生态文明建设的核心支柱，成为推动经济社会全面发展、实现现代化的重要途径。发达国家在低碳发展的道路上一直发挥着引领作用。自 20 世纪 70 年代起，这些国家就开始在解决传统环境问题的同时，重视气候变化和温室气体减排。进入 21 世纪，随着全球金融危机的爆发，低碳发展更加凸显为全球的共同目标和行动准则。

如今，低碳发展已成为国际社会广泛接受的绿色发展战略，不仅有助于改善全球环境质量，也为促进经济的长期可持续发展提供了新的动力和机遇。因此，加速推进低碳发展，不仅是应对气候变化的迫切需要，也是实现全球可持续发展和繁荣的必然选择。

众多国内外学者结合实践经验和学科专长，对低碳发展的本质进行了深入的研究与广泛的讨论。从经济学与生态学的交叉视角来看，低碳发展的概念体系主要表现在以下方面：

在经济学的视角中，低碳发展具有公共物品和外部性特征，这意味着市场机制可能无法有效处理与碳排放相关的社会成本。为避免市场失灵和政府干预的不足，学者们推荐采用庇古税和科斯定理等经济手段来构建系统的政策框架。通过实施碳排放权交易市场，可以有效地解决低碳发展过程中可能遇到的技术和资金壁垒问题。此外，低碳发展被认为是一种可持续的发展模式。在微观层面，学术界和产业界正在探索如何将低碳概念融入国民经济的各个内生变量中，以推动包括工业、农业、建筑在内的多个公共事业部门的低碳转型；在宏观层面，低碳发展能够促进国民经济的增长，尤其是能够提升出口、投资和消费三大驱动力。尽管低碳发展的短期投资成本可能较高，但长期收益显著，为政府实现持续经济增长目标提供了新的机遇和挑战。

同时，实现低碳发展还需要深入探索生态系统的潜力，尤其是利用陆地森林生态系统作为碳汇的能力。森林通过光合作用吸收二氧化碳，对于减缓温室气体浓度的上升和稳定气候具有重要意义。作为地球上最重要的陆地碳汇，森林在气候调节和全球气候变化控制中扮演着无可替代的角色。因此，在推动低碳发展的同时，必须充分考虑生态系统变化对碳收支平衡的潜在影响。

第二节　节能的概念

■ 1　节能提出的背景

随着全球对气候变化议题认知的深化与紧迫性的加剧，科学界与社会各界已达成共识：人类广泛依赖化石燃料并伴随的温室气体大量排放，是造成全球气候变暖的主导因素。与此同时，全球能源市场的波动性显著增强，为传统能源依赖型经济模式带来了前所未有的挑战。在此背景下，国际社会正积极探索并倡导一种转型性的经济发展范式，通过显著降低能源消费强度与温室气体排放强度，实现社会经济的高速增长与环境保护的双赢局面。

在此背景下，一系列以“低碳”为核心的新概念，如“低碳经济”“低碳技术革新”“低碳发展模式”“低碳生活范式”“低碳社会构建”“低碳城市规划”及“低碳世界愿景”等应运而生。回溯历史，自首个具有里程碑意义的国际性气候协议——《联合国气候变化框架公约》由多国代表签署以来，国际社会在应对气候变化领域的合作不断深化。随后，《京都议定书》作为该公约的重要补充，在第三次缔约方会议上达成，进一步明确了发达国家与发展中国家在减排责任上的区分与合作框架。两者均强调了发达国家需承担主要减排责任，并鼓励发展中国家在能力范围内采取行动，例如通过技术引进与吸收，促进清洁技术的普及与应用，共同应对气候变化挑战。进入新纪元，随着全球对低碳转型认识的深化，美国参议院提出的《低碳经济法案》标志着低碳发展战略正式纳入国家层面的战略考量，预示着低碳经济路径有望成为未来全球经济发展的重要方向标，引领全球向更加绿色、可持续的未来迈进。

发达国家历经了典型的“先发展后治理”路径，环境代价高昂，但这一过程也促使环保产业与技术体系趋于成熟。鉴于这一历史教训，我国已深刻认识到环境保护的紧迫性与重要性，并启动了系列环境应对策略。为积极响应科学发展观与构建社会主义和谐社会的战略要求，国务院于 2005 年颁布《关于落实科学发展观加强环境保护的决定》，深刻剖析了我国当前面临的环境挑战：在经济快速增长与民众消费水平显著提升的背景下，我国环境状况却面临严峻考验。主要污染物排放量已远超环境自然净化能力，城市河流水质普遍恶化，空气污染问题在多地凸显，酸雨现象频发且影响加剧，同时，新型环境威胁如持久性有机污染物亦开始显现。生态系统方面，水土流失、石漠化、草原退化等问题广泛存在，生物多样性遭受威胁，生态系统服务功能显著退化。这一系列环境问题，本应在发达国家漫长的工业化进程中分阶段显现，却在我国近几十年内集中爆发，呈现出结构复杂、类型多样、时间压缩的显著特征。

在我国经济发展的新阶段，为积极应对国内外环境变化，我国政府于 2006 年初明确提出一项具有前瞻性的战略——“节能减排”。该战略旨在至 2010 年，实现单位国内生产总值(GDP)能耗相较于 2005 年显著下降 20%，并同步减少主要污染物排放量 10%。节能减排政策的实施，被视为经济结构优化与增长动力转换的关键路径。强调在经济发展过程中，必须深刻把握资源节约与环境保护的核心要义，将两者作为推动经济可持续增长的基石。通过这一政策，可以构建一种新型的经济发展模式，即在确保经济增长速度与质量的同时，实现资源利用效率的最大化与环境负担的最小化。

2 节能的内涵

节能就是节约能源、降低能源消耗、减少污染物排放。《中华人民共和国节约能源法》所称节约能源(简称节能)，是指加强用能管理，采取技术上可行、经济上合理以及环境和社会可以承受的措施，从能源生产到消费的各个环节，降低消耗、减少损失和污染物排放、制止浪费，有效、合理地利用能源。

节能是在不改变产品或服务质量的前提下，尽量减少能源的使用，或者在保持能源消耗不变的情况下，增加产品或服务的数量和质量。这一理念与世界能源委员会在 1979 年提出的定义相一致，即通过实施技术上可行、经济上合理且环境和社会都可以接受的方法来提高能源效率。在具体实践中，节能是运用那些经过验证的、技术上成熟且经济可行的手段，确保在环境和社会可接受的范围内，实现能源的高效利用，从而提高能源利用的整体效率。

节能是一个涵盖能源生产、传输、分配和消费等多个环节的全面过程。为实现有效的节能，需强化能源管理，并采纳那些技术上可行、经济上合理、环境和社会都能接受的措施。技术上可行，意味着上述措施应基于现有技术水平能够实施；经济上合理，要求措施在成本和收益之间取得平衡，确保其经济可行性；环境可接受性，强调节能措施应减少环境污染，满足环保要求；社会可接受性，则指这些措施不应干扰正常的生产活动和生活质量的提升。通过上述综合措施，更高效、更合理地使用能源，减少能源的损失和浪费，为可持续发展作出重要贡献。

3 节能减排与低碳经济的关系

节能与减排，在本质维度上，分属资源利用与环境保护两大独立领域。节能根植于非再生化石能源资源日益枯竭的严峻现实，是能源供给可持续性的核心议题；减排则聚焦于人类活动产生的污染物及温室气体排放对地球生态承载力的超限挑战，属环境保护的迫切需求。两者虽领域各异，却因化石能源大规模利用导致的碳排放激增，共同影响全球气候系统，打破碳平衡，驱动全球变暖，从而促使碳减排成为排放控制的核心焦点，并催生低碳经济这一新兴发展模式，将节能与减排紧密联结，形成协同推进的战略框架。

然而，对低碳经济与减排之间关系的认知常存误区，误将低碳经济简化为减排的同义词。但事实上，减排仅为低碳经济框架下应对温室气体排放问题的单一维度，隶属于环境影响层面的考量。低碳经济的内涵远不止于此，它触及能源体系根本性变革的深层，涵盖经济与社会发展的多维目标协同，是通过技术革新、制度优化等手段，实现能源高效利用、温室气体低排放与经济持续增长、社会和谐发展的共赢局面，是可持续发展理念在经济实践中的深刻体现与具体展现。

■ 4　油气田节能技术进展

自“十二五”规划实施以来，油气田节能工作持续推进，其深度与广度不断拓展。在此过程中，结构性节能与管理节能的潜力挖掘遭遇显著瓶颈，标志着传统节能路径的边际效益递减。鉴于此，对技术创新驱动的节能需求急剧上升，成为推动油气田节能技术进步的核心动力。在此背景下，油气田节能技术领域取得了长足进展，不仅技术创新能力显著增强，还实现了节能效果与效率的双重提升，为行业的可持续发展奠定了坚实基础。

4.1　成熟节能技术推广应用

各油气田通过节能专项资金建设节能工程，实施节能技术改造项目，建立节能示范工程。节能抽油机、常温集输、高效加热炉、放空天然气回收等节能技术在机采、注水、集输、热力、供配电系统得到推广应用，提高了系统运行效率。

4.1.1　机采系统

常规有杆采油形成了异型游梁式、下偏杠铃等系列节能抽油机和数字化抽油机；新型无杆采油形成了电动潜油柱塞泵、直驱螺杆泵等技术。应用了变频调速、永磁、开关磁阻、高转差电机、潜油直线电机等各种节能电机，以及以电机再制造、非晶合金等高效电机替代落后低效电机等。利用机采系统优化软件，对抽油机的冲程、泵挂深度、平衡度等参数进行优化及智能间开控制，提高机采系统效率。

4.1.2　注水系统

应用了系统仿真优化运行、分质分压注水、局部增压、周期注水和柱塞注水泵带载启动等节能技术；实施了注水泵减级、切削叶轮、泵涂膜，高压变频调速、磁力耦合调速、前置泵串级调速等节能技术。

4.1.3　集输系统

针对高含水油田的复杂特性，依据具体环境条件差异，成功研发并实施系列非加热集输技术体系，涵盖单管不加热集油系统与采出液低温脱水技术，有效应对了高含水环境下的集输挑战。同时，在放空气资源回收领域，研发了多元化的高效回收装置与工艺流程，包括便携式套管气回收装置、电加热调控式套管气回收系统、智能定压放气阀回收技术，以及基于压缩天然气(CNG)技术的罐车回收解决方案，实现了放空气的资源化利用与减排目标。

在气田领域，则通过引入井下节流工艺与集输系统优化策略，显著降低了地面设施的加热与加压能耗，不仅提升了能源利用效率，还促进了气田生产过程的低碳化转型。

4.1.4 热力系统

推广应用了真空相变、冷凝式加热炉等高效加热炉；加热炉改造应用了高效燃烧器、远红外线节能涂料、蒸汽干度自动控制、热管换热器、烟气余热冷凝回收等节能技术。

4.1.5 供配电系统

应用了高效节能变压器、高低压动态无功补偿、馈线自动调压、电网优化运行、智能电网等节能技术。

4.2 关键节能技术攻关进展

中国石油在集团公司层面设立了科技项目和课题，开展高含水、低渗透、稠油、加热炉提效等节能关键技术研究课题，攻关能效对标、能量系统优化、能源管控和重点耗能设备提效等关键技术瓶颈；同时建立节能技术评价方法和节能技术数据库，筛选发布技术推广目录，推进节能技术的推广应用。

4.2.1 油气田能效对标技术

提出了油气田生产全过程能效对标方法，设计能效对标指标体系，全面覆盖机采、集输、注水等关键生产环节的能效对标指标体系。通过实施严谨的能效标杆筛选策略，建立了能效指标数据库与最佳节能实践知识库，进一步开发了集数据分析、案例共享于一体的能效对标系统平台。此平台不仅有效解决了油藏类型繁多、开发技术差异显著导致的指标可比性难题，还为企业及基层生产单元提供了系统化、科学化的能效评估与改进工具。在此基础上，构建了长效的能效对标与持续改进机制，为油气田行业深挖节能潜力、提升整体能效水平提供了坚实的技术支撑与指导框架。

4.2.2 加热炉及热力系统提效技术

研制了分体式壳程自动清垢相变加热炉、盘管式自动清垢相变加热炉、冷凝式加热炉和反烧式井场高效加热炉等新型加热炉，创新强旋流燃烧场三维非稳态数值模拟技术、注汽锅炉在线监测等关键技术，筛选加热炉改造提效技术。解决了制约加热炉长周期高效运行的瓶颈难题。此外，优化加热炉清淤除垢周期和高效加热炉节能涂料结合技术，有效提高了加热炉热效率。

4.2.3　油气田能源管控技术

建立了能源管控5个成熟度分级模型(计量级、监测级、分析级、优化级和智能级)和能源管控策划、实施与检查的基本方法；提出了油气田企业的能源管控模式，规定了各个能源管控等级的技术要求；研发了油气田全厂级能源管控系统软件，建设了大庆油田第四采油厂油田能量系统优化示范区，实现生产及能耗数据采集、异常报警、诊断分析、措施工单实施与追踪、效果评价等能源管控功能，能源效率显著提高。

4.2.4　油田能量系统优化技术

创新形成了稀油油田地面全流程用能评价及优化方法，开发了油田能量系统优化系列软件(机采系统优化、注水系统优化、集输系统优化等)，建立了油田能量系统优化管理系统平台，编制了企业标准和管理办法，在大庆庆新油田及塔里木克拉气田，为油田推广应用能量系统优化提供了技术支撑和管理支持。

4.2.5　余热余压高效利用技术

研制了注汽锅炉“一拖二”余热冷凝回收装置，运行时率由53%提高至82%；建立了注汽管道热耦合的数学模型，研发了管网保温设计模拟软件，解决了复杂保温结构下的设计优化问题。建立了基于排烟氧含量的空燃比在线控制模型，研制了由空气进气调节机构、传感器和控制终端3部分组成的整体式压缩机空燃比调控装置；在国产整体式压缩机上开展稀薄燃烧模拟分析、方案设计和厂内改造，研制了燃气发动机稀薄燃烧装置和配套工艺。

第三节　油气田开发中的能源消耗

■ 1　油气行业发展中存在的主要问题

在我国油气田企业50多年的发展历程中，随着我国经济的快速增长，石油工业的问题也日益凸显，主要表现在以下几个方面：

（1）资源相对不足，石油储量增长的难度大。资源短缺问题日益凸显，我国石油储量的增长面临巨大的挑战。大多数油田自 20 世纪 60、70 年代起投入开发，经过多次开采，现已进入资源严重枯竭的状态。随着油田开发的深入，开采对象的复杂程度增加，难度也在逐步上升。目前，我国的原油生产主要集中在东部地区，产量占全国总产量的 2/3。然而，东部地区的主力油田已经进入高含水、高采出率和高采油速度的阶段，原油生产面临巨大的压力。与此同时，尽管西部和海上原油产量近年来呈现快速增长的态势，但其总产量仅分别占全国的 1/5 和 1/8，难以在短期内弥补东部地区的产量递减。这表明，我国在石油资源方面正面临严峻的挑战。

（2）石油供需缺口加大，进口依存度进一步提高。随着我国石油消费量的急剧增长，石油供需之间的差距正在逐渐拉大，对外部资源的依赖程度也在持续上升。与原油产量的增长相比，我国石油消费的增速明显更快，导致供求失衡的问题日益严重。据 2024 年 2 月 29 日国家统计局发布的《中华人民共和国 2023 年国民经济和社会发展统计公报》显示，2023 年我国石油供需缺口继续扩大，进口量持续增长。2023 年全国原油产量为 20902.6×10^4t，比上年增长 2.1%。2024 年 4 月 12 日发布的《中国石油流通行业发展蓝皮书（2023—2024）》的数据显示，2023 年，中国成品油表观消费量为 38698.8×10^4t，同比增长 15.5%。2023 年，中国原油进口 56399×10^4t，比上年增长 11.0%；成品油进口 4769×10^4t，比上年增长 80.3%。根据相关数据推算，2023 年中国原油的对外依存度为 76.756%。这种“消费高速增长、生产低速增长”的现象使得国内石油供应难以跟上需求步伐，供需缺口不断扩大。这一数据清晰地表明，我国在石油供应领域正面临前所未有的挑战，亟需采取更为积极有效的措施来确保石油供应安全。

（3）石油工业对环境造成严重破坏。石油工业在推动我国经济飞速发展的同时，也带来了一系列严重的环境问题。这些问题主要源于石油资源开发过程中引起的大气污染和土地退化、石油加工过程中对水资源的污染，以及石油产品使用过程中对大气的排放。为协调经济发展与环境保护之间的微妙平衡，必须制定并执行严格的工业环境保护政策，推动石油资源的节约和合理利用，确保石油工业的可持续发展。这不仅有助于资源的节约和经济的持续增长，更是保护环境、实现经济与自然和谐共生的关键。

（4）石油安全形势不容乐观。自 20 世纪 90 年代起，我国石油安全问题引起社会各界的广泛关注。尤其是石油进口来源的安全性，由于美国对中东地区的政治控制，我国的石油资源进口间接受到影响。此外，我国在石油运输路径上也面临着显著挑战，超过85%的石油运输依赖印度洋——马六甲海峡——南中国海航线，这一路径存在被封锁和控制的风险。在战略石油储备方面，尽管我国已经启动国家石油储备库的分阶段建设，但建立完善的石油战略储备体系仍需较长时间。这意味着，在全球石油供应地出现不确定因素，可能导致国际油价飙升或供应中断的情况下，我国可能缺乏足够的措施来稳定国内石油市场。同时，我国在国外开发的一些油田多位于敏感地区，这些地区的石油生产容易受到地缘政治等因素的干扰。这些因素均加剧我国石油安全的风险，须采取更为积极有效的策略来应对这些挑战。

■ 2 油气田企业节能降耗情况

2.1 采油气过程特征分析

油气田企业的采油气过程具有如下特征：

（1）采油气过程的多样性和相互关联性，体现在无论是新采油区块建设还是老区块的开发调整，不同的阶段和环节都各自保持着独特性，同时又在整个采油流程中紧密相连。这些阶段协同作用，共同促进油气田的高效和安全生产，形成了一个全面协调的采油体系。这一体系确保了油气田的资源得到最大化利用，同时保障了操作的安全性和环境的可持续性。

（2）油气田采油气过程是高风险领域。大多数采油作业属于资源开发范畴，地下油气资源作为项目的核心，埋藏深度和地质条件的不确定性为采油气过程带来了极大的风险和挑战。这些资源深藏地下具有隐蔽性和不可预测性，给采油作业带来了额外的挑战。

（3）油气田采油气过程具有系统性的特点，被视作一个复杂的开放系统。在这个系统中，地面与地下的信息不断地进行交流和交换。这个过程由众多组成部分构成，具有极强的整体性，其中任何局部的最优化并不意味着整体的最优化。此外，各子过程之间的“结合部”也相对较多，需要投入大量的内外协调工作。因此，在分析问题时，应该采用系统论的视角进行全面的考量。

（4）从投资和工程量的角度来看，油气田的采油气过程是一个典型的资本密集型行业，往往需要巨额的资金投入。鉴于许多油气田分布在条件艰苦的地区，建立一个油田产能区块不仅需要关注基础设施建设，还要考虑到与之相关的系统工程建设的投资需求，这通常涉及巨额的经济成本。

(5) 油气田的采油气过程对先进技术的依赖性极高。油田产能的建设涵盖油藏工程、采油工程、地面建设工程等多个科技领域，这使得整个过程不仅技术含量高且知识密集。因此，为提高采油效率和降低成本，必须不断创新和应用最新的科技成果。

2.2　采油气过程影响因素分析

采油气过程主要由油藏工程、采油工程和地面工程三个相互关联的部分构成。

(1) 油藏工程的技术环节分析

① 油气层识别。精确识别油气层是提升勘探效率的关键，构成了有序进行开发工作的基石。特别是在油田进入注水开发的后期阶段，随着油井产液中含水率的持续上升，对地下油气层状态的精准掌握变得极其重要。因此，油气层的准确识别不仅为勘探活动提供了至关重要的指导，而且为后续的开发策略制定和规划提供了必不可少的基准数据支撑。

② 剩余油饱和度及分层动态预测。油层的非均质性是其固有特性，尤其在多层同时开采的情况下，这一特点尤为显著。这种非均质性表现在两个层面：一是平面非均质性，即不同油层之间存在着特性上的差异；二是层间非均质性，即便是在同一油层内部，不同部位之间也可能展现出显著的特性差异。

③ 优化布井技术。这是一种综合性方法，汇集地震学、地质学、测井技术和油藏工程等多个学科的精华。这一技术的出现，旨在解决油藏深埋、广阔的含气面积、复杂的侵蚀地形、强烈的油层非均质性以及巨大的单井产量差异等复杂地质问题。优化布井技术的核心在于，其依托多学科的专题研究，将各学科的专业知识相结合，实现了微观与宏观、动态与静态的有机融合，以实现布井过程的多学科综合优化。这种技术能够精确识别储层中具有高渗透性的连通区域，为井距设计和井位优化提供了坚实的技术保障，确保了油田开发的效率和效益。

(2) 采油工程的技术环节分析

① 举升方式优化。在挑选机械采油方法时，主要考虑的是初始投资的经济性、能源消耗的效率以及维护的简便性。针对特殊的测试井和定向井等，还必须确保所选方法能够适应其独特的工艺需求。

② 注入工艺的优选。在确保注入管柱强度满足要求的基础上，致力于进行注入管柱的结构设计，以实现初始投资的经济性和能源消耗的降低。这是优选注

入工艺的核心要求。

③ 监测工艺的设计。为确保注入和采出工艺满足油田开发的多方面需求，定期对特定油井进行性能评估是必不可少的。依托评估结果，对注入和采出工艺参数进行适时调整，以优化生产流程。因此，具备满足精确测试需求的高级工艺技术对于采油工程系统的整体调节至关重要。

（3）地面工程的技术环节分析

油田地面工程是一个复杂的系统，由原油集输系统、集气系统、注水系统、污水处理系统和配电系统等五个核心子系统组成。在子系统中，油气集输工程扮演着至关重要的角色，投资额通常占整个油田地面工程总投资的60%~70%，这表明油气集输工程在油田地面工程中的核心地位。

① 地面站间布局优化。首先，确定网络的拓扑结构，包括管网的连接方式和布站策略。其次，注水站的位置优化至关重要，涉及确定注水站的几何位置，以确保注水系统的有效运行和经济性。

② 集输系统优化。油气集输系统是油田生产的重要组成部分，涉及原油收集、脱水、稳定以及储存和运输等多个关键步骤。该系统通过精心设计的管网，能够高效地将井口产生的油气水混合物收集并输送到计量站、接转站和集中处理站进行精确计量、有效分离和深度净化。经过这一系列复杂处理，最终产品被运送至油库，为外输做好准备。在这一高度复杂的系统中，管网的优化设计显得尤为重要。优化设计不仅要考虑地面站间、管网等各个子系统的独立特性，还要将这些子系统有机地整合，形成一个高效、协调的整体。从技术角度来看，油气田企业的采油气过程虽然包含众多复杂的技术环节，但通过系统的分析和归类，可以揭示其内在的逻辑和规律。为全面评估油气田企业的生产能耗绩效，需要综合考虑注水系统效率、抽油机系统效率、吨油耗电量、处理天然气耗电量、集输系统电气化率、集输系统热能利用率等多项指标。这些指标不仅反映了技术效率，还涵盖经济效率和社会效率等多个层面。

然而，仅凭上述指标进行分析还不足以揭示全部的真相。为更深入地理解油气田企业的能源效率，还需要对影响能源效率的各种因素进行系统地归纳、整理和分析。以举升方法为例，其在人工举升系统中的能耗表现是评价能源技术效率的重要指标之一。下面针对各种举升方式进行详细地分析。

① 有杆泵方式。优点在于操作人员对其熟练度高，安装和操作过程简便易行；拥有完备的规格系列，能够根据不同的应用需求灵活调整，从而覆盖广泛的

应用场景。然而这种采油方式也存在一些不足之处：如初始投资成本相对较高；泵的排量受到油管尺寸和泵挂深度的限制，这可能会影响其性能表现；维修作业的费用也较高，进而增加了整体的运营成本。

② 电潜泵方式。电潜泵采油方式以其卓越的排液性能而闻名，特别适用于日产液量超过 200m^3 的油井，并在各大油田得到广泛应用。电潜泵在井筒内的运行温度较高，有效减少结蜡问题，使得生产管理更为简便和高效。突出的优点在于其大排量采液能力和便捷的操作方法。尽管如此，电潜泵方式也面临着一些显著的挑战：首先，初始投资成本较为昂贵；其次，电泵的下井深度受到电机额定功率、油套管尺寸和井温等因素的限制；此外，维修成本也相对较高，且需要工程技术人员的密切监督和指导。

③ 螺杆泵方式。螺杆泵采油方式具有多项显著优点：采油装置结构简洁，系统效率高，耗电量较低。在处理稠油、含砂原油及含气原油方面，螺杆泵表现出优异的适应性。其抽油过程平稳，排量调整方便，特别适合于开采高黏度、易出砂和易结垢的原油，具有极高的能量利用率。然而，螺杆泵不适用于深井和高排量井的情况。此外，螺杆泵的事故率相对较高，平均维护成本也略高于其他采油方式。除上述提到的举升方式，还有水力活塞泵和气举等举升方法。这两种方法通常需要依赖地面的压气装置，因此在多数油田中的应用相对较少，在此不再详细讨论。

选择合适的举升方法对油井的供液能力和整体性能至关重要。从系统科学的视角来看，油井采用人工举升方式采油的过程实际上是一个复杂的系统。这个系统的有效运行受到多种因素的影响，包括但不限于流体的物理特性、生产过程中的特定要求、油层的多种参数、可用的动力源、操作过程中的问题、完井的类型、长期的开采计划、地面设备的性能、油井的具体配置、自动化水平、操作人员的专业技能，以及不同方案的经济效益等。进一步细分，影响因素将更为繁多。

2.3　采油气过程存在问题分析

作为我国资源开采领域的重要力量，油气田企业肩负着提高产能和创造经济价值的重要使命，同时也是能源资源消耗和污染物排放的主要来源。在追求原油生产和经济效益的同时，油气田企业消耗大量的天然气、柴油、清水等资源，并不可避免地产生大量污染物，对空气质量和环境造成了一定影响。这一挑战随着国家对能耗与碳排放的日益重视而变得更加严峻。油气田企业在适应国家节能减排要求的过程中，面临着战略规划、方法手段、制度机制和文化理念等方面的挑战，这些因素尚未完全满足当前形势的需求，影响了节能减排工作的深入推进。

当前，我国油气田企业在采油气过程中主要面临以下几个方面的问题：

（1）能源开采利用效率整体上仍有待提高。首先，油气田企业在开采过程中，伴生气的浪费现象仍然较为普遍，同时原油的自用和损耗比例较高。其次，油气田的关键耗能设备普遍存在严重老化问题，迫切需要进行更新换代。此外，抽油机、加热炉、电机等主要耗能设备中，仍有大量非节能型设备在投入使用，进一步加剧了能源的无效消耗。最后，大庆、辽河、华北、大港和新疆等老油田的产液量呈现持续下降趋势，导致众多地面设施，包括联合站等，经常处于低负荷运行状态。这不仅降低了运行效率，还造成设备和资源的闲置与浪费。特别是机械采油系统，其在油田企业的电力消耗中占据最大比重。目前，国内陆上油田的机械采油系统平均效率大约为27%，这表明仍有超过30%的节电潜力尚未被充分发掘和利用。

（2）能耗水平高，运行成本控制难度增大。首先，油气田企业在能源结构上存在显著的不合理性，特别是燃料结构的优化需求尤为迫切。在油气集输、稠油热采注汽以及生产和生活用锅炉、加热炉的燃料使用方面，企业过分依赖油气资源，导致每年消耗大量的原油和天然气。这种燃料结构不仅减少了企业的原油和天然气的商品量，还显著提升了生产成本。不合理的燃料结构是企业燃料成本持续居高不下的主要原因之一，也是国内众多石油企业生产成本逐年上升的关键因素。其次，原油含水的上升趋势导致产液量、产水量和注水量的增加，进而使得输送能耗和处理费用逐年上升。再次，随着单井产油量逐渐减少，为维持相同的百万吨产量，油水井的数量不得不持续增加。这一变化带来了机采系统和集输系统在热力和动力消耗方面的增加。同时，随着聚合物驱油和三元复合驱油等技术推广应用，聚合物母液的配制、化学剂的注入以及采出液的处理等环节的费用也在不断上升。最后，部分早期建设的站所因流程或布局上的限制，已不再适应油田当前的生产和发展需求，但站内一些老旧高耗能设备仍在使用中。这些因素共同作用，使得油田生产的单位能耗迅速增长，能耗控制因而变得更加严峻。

（3）设备老化现象明显，系统效率低。油田中大量设备已普遍出现老化现象，这导致系统效率的下降，尤其是始建于20世纪七八十年代的机泵类设备。例如，早期建设的加热炉和热水器大多为方箱式炉型，热效率往往不足74%，从而导致大量的燃料和油料消耗。据调查和数据分析，未来5~10年内，将有大量加热炉、容器和机泵因超过使用年限而需要更换，这意味着维护和更新改造的任务将逐年变得更加繁重。此外，管道系统的腐蚀和老化问题同样严重，频繁发生的穿孔漏油事件不仅对生产安全构成威胁，也影响了原油的产量。随着生产时间的延长，大多数油气田企业的设施处理能力开始出现过剩，负荷率逐年下降，设备老化问题加剧，工况参数恶化，穿孔和渗漏问题日益严重，进而导致系统运行效率逐年降低。同时，大多数老油田的含水率已经超过 90%，并且这一比率正持续上升。这一趋势导致每日产出液的集输和处理、污水回注以及回注过程中的动力消耗相应增加，从而进一步提高了油田生产的复杂性和成本。

（4）节能降耗形势日趋严峻。在我国，油气田企业的能耗总量呈现出相对较高的增长趋势，而单位产量的能耗指标下降速度正逐步放缓。随着生产业务的不断扩张，降低能耗和控制成本的压力也将持续增加。特别是东部油田，已逐渐步入开发的中后期阶段，导致含水率不断上升，产液量和注水量持续增加，进一步加剧了节能降耗的挑战。同时，新开发的油气田普遍具有品位低、丰度低、低产低渗透、稠油等特点，这些特性的油田开发不可避免地带来了能耗的进一步提高。随着老管道大规模修复工作的增加，输送系统的平衡性变得更加复杂，这对能耗控制构成了更大的挑战。

此外，随着国家对汽油、柴油等石油产品质量标准的逐年提升，为满足更高的产品规格，所需的能源消耗量也在持续增长，这进一步加剧了产品综合能耗的压力。油气田企业为维持和提升生产规模，不断寻求新的开采井位，这种扩张导致能耗和排污点的数量相应增加，使得节能减排的目标变得更加困难。油田开发中含水的上升和产量的逐渐下降是不可避免的自然趋势。随着注水和采出液处理总量的显著增加，每年的耗电量和处理采出污水的任务也变得更加沉重，这为节能减排工作带来了前所未有的压力。同时，高耗能产量的比重正在逐渐增加。为补偿老区产量的逐年下降，企业正在加强对聚合物驱油技术和外围难动用储量的开发。然而这些新兴的开发策略也带来了新的能耗控制挑战。在实施聚合物驱油技术时，由于需要增加聚合物注入的压力以及集输处理的工艺流程，其能耗相较于传统的水驱技术高出约 20%。至于外围油田，由于其开发难度较大、集输半径较长、井深等问题，能耗比老区高出约 50%。这些因素共同使得控制能耗增长的任务变得更加严峻。

（5）油气田企业在节能绩效管理方面存在不足。随着油田企业改革的持续深入和不断地机构调整、重组改制，节能管理方面的问题日益突出。目前，油田企业在节能管理上存在显著的缺陷，包括管理机构的缺失、节能管理人员专业能力的提升需求等。这些问题严重制约了节能管理工作的有效性。在管理体系的构建上，各企业普遍面临着节能管理组织不完善、职能履行不到位、体系运作不畅、资源配置不足等挑战。为确保节能工作的顺利进行和企业的长期发展，迫切需要加强各级节能管理和提高技术机构的能力。与此同时，部分油气田企业在激励机制和经营管理机制方面存在显著缺陷，缺少完善的分配机制、用人机制、绩效考评机制以及动态管理机制。这些问题不仅损害了企业的内部管理效率和运营效益，也阻碍了石油企业的长期可持续发展。在基础管理层面，油气田企业在计量、定额、监测、统计等关键环节仍需加强管理。节能源头管理的实施不够到位，考核奖惩机制也需要进一步优化。全员节能意识的提升仍然是一个重要任务，以确保每个员工都能积极投入节能工作中。此外，能源管理在信息化方面的发展也不足，现有的能源管理信息系统未能实现从数据采集到分析和评价的全过程控制，这不仅增加了管理的难度，也影响了工作效率的提升。

第四节 油气田能耗分析

下面以塔里木油田为例开展油气田能耗分析，阐述采油气管理区各子系统能源消耗情况及油田整体能耗结构。

■ 1 采油气管理区各子系统及能耗情况

1.1 人工举升系统

机采系统主要包括抽油机系统、潜油电泵采油系统和螺杆泵采油系统，将各种采油方式综合在一起，分析总体能耗情况。各采油气管理区差异较大，与采油气管理区的油气物性、开采方式、管网完善程度、放空气量等密切相关。机采系统除开展新能源替代措施外，需加大放空气的回收利用，进一步提升节能降耗空间。

1.2　集油系统

集油系统的主要能耗为电力和天然气，电力消耗主要用于电加热器、输油机泵、电伴热和仪控，天然气主要用于加热炉。

1.3　注入系统

注入系统包含注水和注气系统。注气系统综合能耗较高，且气驱压缩机能耗远高于电驱压缩机能耗，主要是因为燃驱压缩机设备烟气余热未回收利用、效率低下。因此，从节能角度，将燃驱压缩机更换位电驱是有利的，但投资较大；若不更换燃驱设备，考虑燃气发动机余热综合利用，可以较大幅度提升燃驱压缩机组效率，进而降低注气能耗。

1.4　油气处理系统

原油脱水系统是涉油处理联合站的主要耗能系统，包括加热炉(管式加热炉、热媒加热炉为主)耗气(主要用于热脱)，循环泵、提升泵、药剂加注泵、电伴热和仪控等耗电。以塔里木油田哈六联为例，其主要负责哈6区、齐满区和热普区块东部产液的集输、处理、注水等任务，哈6区北部和齐满区以稠油为主，哈6区南部以稀油为主，同时负责所在区域伴生气处理的任务，且原油含硫化氢较高，需要净化，处理工艺复杂，导致能耗较高。

1.5　采出水处理系统

采出水处理系统是油气田处理场站(含集油气场站)的基本工艺之一，目前主要采用重力沉降、多介质过滤工艺，部分处理站采用压力除油及气浮工艺，主要能耗为电力。随着注水时间的增加和环保的要求越来越严格，采出水处理的能耗呈上升趋势，因此，应研究论证采出水余热的利用，以减少采出水处理的电耗。

1.6　集气系统

各采油气管理区主要油气生产区的集气系统能耗情况有较大差别。其中柯克亚、和田河油气当量能耗最高，其次是博孜、塔中和英西，当量消耗最小的为克拉。究其原因，与生产介质和集气工艺关系较大，建议进一步优化生产组织，加强天然气的回收力度，减少临时放喷，降低耗气量，同时加大新能源替代，减少电力消耗，从而降低碳排放。

1.7　天然气处理系统

各采油气管理区天然气处理系统处理工艺和处理增压设备不同，导致各处理站能耗有较大不同。其中塔中天然气处理油气当量消耗最高，其次是牙哈，油气当量消耗最小的为克深，究其原因，与生产介质和天然气处理工艺关系较大。建议优化装置运行，全面降低水、电、气消耗，在确保安全的前提下，提高装置运行负荷，从而大幅降低能耗。

■ 2　塔里木油田能耗结构

2024 年四季度塔里木油田公司能源实物量消耗情况如下：

原油消耗量为 2000 余吨，同比下降 29.02%，主要原因是：油田原油消耗主要用于克深注油溶蜡工艺开采，随着克深其他区块天然气含蜡成分降低，原油消耗量减少。

天然气消耗量 17 亿余立方米，同比下降 1.81%，主要原因在于油田加大放空气回收力度，商品率有所提升。

电力消耗量 20 余亿千瓦时，同比下降 21.72%，主要原因在于老油气田开展排水采气、注氮气开采等措施，新增储气库和天然气总产业务，导致用电量增加。

汽油消耗量 800 余吨，同比下降 24.98%，主要原因在于电车替代部分汽车；消耗柴油 300 余吨，同比下降 33.74%，主要原因在于网电替代部分柴油发电机。

通过统计计算可以得出：塔里木油田公司能源消耗以天然气为主，所占比例为 89.62%，其次为电，所占比例为 10.18%。

第五节　油气田能源效率评价

■ 1　油气田能源效率评价指标体系

通过综合考虑油气田生产中能源消耗的多元影响因素、生产过程中的主要耗能环节以及关键的统计指标，设计一个全面且系统的油气田能源效率评价指标体系。该体系包含三个层次的能耗指标，具体为一级指标 4 个，二级指标 10 个，三级指标 45 个。这些精心设计的指标旨在全面揭示油气田生产过程中的能源利用效率和能源消耗状况，为能源管理提供坚实的支持，并促进能源使用的优化。详见表 1-1。

表 1-1　油气田能源效率评价指标体系

一级指标	二级指标	三级指标
油气生产可比能耗	人工举升系统可比能耗	抽油机采油；电潜泵采油；螺杆泵采油；水力活塞泵采油；气举采油；其他采油
	集油系统可比能耗	井口不加热单管流程；井口加热单管流程；单管环形掺水流程；单管环形电加热流程；井口掺水双管流程；三管伴热流程；掺稀油降黏集输流程；掺蒸汽集输流程；掺活性水降黏集输流程；单管加热集输流程；平台拉油集中处理集输流程
	油气处理可比能耗	原油脱水能耗；原油稳定能耗；原油储运能耗；油田伴生气处理能耗
	污水处理系统可比能耗	污水常规处理；污水深度处理；稠油污水处理；聚合物驱污水处理
	驱油物注入系统可比能耗	单管配水流程；双管配水流程；分压注水流程；增压注水流程；集中水处理分散注入流程；单干管小支线注水流程；密闭短流程；蒸汽吞吐采油注汽能耗；蒸汽驱采油注汽能耗
辅助及附属生产能耗	辅助生产能耗	油田供水能耗；其他能耗
	附属生产能耗	车用燃料消耗；办公及生活用电
油气生产能源利用率	主要生产系统能源利用率	机采系统效率；集输系统效率；注水系统效率；注汽系统效率；供配电系统效率
油气损耗	原油损耗率	原油损耗率
	天然气损耗率	天然气损耗率

首先，选取抽油机采油的基准能耗（记作 Ere_f）作为衡量油田生产能量因数的基准，将其能量系数设定为 1。随后，为计算每个生产系统的能量因数（EC_i），采取以下步骤：①将每个基础生产单元的实际能耗（E_i）与设定的基准能耗（Ere_f）进行比较，得出比值，即该单元的能量系数（R_i）；②在同一生产系统中，计算不同基础生产单元的工作量占该系统总工作量的比例，记作 C_i；③利用上述两个比

值，可以计算出每个基础生产单元的能量因数（EC_{i}），计算公式为：$EC_{i}=R_{i}\times C_{i}$。在需要的情况下，引入影响系数以对计算结果进行修正，以提高评估的准确性。

油气生产系统的主要能耗指标，以及整个公司（或采油厂）的单位产量能耗，可以通过特定的计算公式得出。以采油系统为例，可以通过以下步骤来详细了解系统可比能耗指标的计算流程。

首先，采油系统根据采油方式的不同，可以细分为抽油机采油、注水采油等多种类型。在计算这些系统的能耗时，以采油液量作为基准，这一基准涵盖原油、天然气、水等多种产量。其次，依据计算公式，将每种采油方式的实际能耗数据与对应的采油液量进行比较和计算。这一过程会综合考虑设备效率、生产流程复杂性等因素，以确保计算结果的准确性和公正性。最后，通过这些计算步骤，确定每种采油方式以及整个采油系统的可比能耗指标。

采油系统能量因数为：$C_{i}=\dfrac{\text{某种采油方式采油液量}}{\text{全厂采油液量}}$

采油系统可比能耗为：$EC_{1}=(\sum R_{i}C_{i})K_{\mathrm{oil}}K_{\mathrm{H}}$

$$SEC_{1}=\frac{\text{举升系统吨油单耗(kg 标煤/t 油)}}{EC_{1}}=\frac{\text{举升系统能耗(kg 标煤/t 油)}}{EC_{1}}$$

油气生产系统可比能耗计算公式见表1-2。

表1-2 油气生产系统可比能耗计算公式

系统	计算公式
人工举升	$SEC_{1}=\dfrac{\text{举升系统吨油单耗(kg 标煤/t 油)}}{EC_{1}}=\dfrac{\text{举升系统能耗(kg 标煤)}}{\text{公司(采油厂)油气当量}\times EC_{1}}$
集油系统	$SEC_{2}=\dfrac{\text{集油系统吨油单耗(kg 标煤/t 油)}}{EC_{2}}=\dfrac{\text{集油系统能耗(kg 标煤)}}{\text{公司(采油厂)油气当量}\times EC_{2}}$

续表

系统	计算公式
油气处理系统	$SEC_3=\frac{\text{油气处理系统吨油单耗(kg 标煤/t 油)}}{EC_3}=\frac{\text{油气处理系统能耗(kg 标煤)}}{\text{公司(采油厂)油气当量}\times EC_3}$
污水处理系统	$SEC_4=\frac{\text{污水处理系统吨油单耗(kg 标煤/t 油)}}{EC_4}=\frac{\text{污水处理系统能耗(kg 标煤)}}{\text{公司(采油厂)油气当量}\times EC_4}$
驱油物注入系统	$SEC_5=\frac{\text{驱油物注入系统吨油单耗(kg 标煤/t 油)}}{EC_5}=\frac{\text{驱油物注入系统能耗(kg 标煤)}}{\text{公司(采油厂)油气当量}\times EC_5}$
全厂	$SEC=\frac{\text{油气生产系统吨油单耗(kg 标煤/t 油)}}{EC}=\frac{\text{油气生产系统能耗(kg 标煤)}}{\text{公司(采油厂)油气当量}\times EC}$

2 算例及分析

为应用本评价模型对不同类型的油田进行能源效率评价分析，选取常规油田和热采稠油油田中的各自一个采油厂作为案例。根据该模型，计算这两个采油厂的油气可比能耗，并将结果列于表 1-3 中。通过对比分析这些数据，可以看出不同类型油田在能源效率方面的差异，为进一步的能耗优化提供依据。

表 1-3 两个采油厂油气生产可比能耗对比

单位	常规油田某采油厂	稠油油田某采油厂
吨液能耗/(kg 标煤/t 液)	8. 09	72. 82
吨液可比能耗/[kg 标煤/(t 液 · 因数)]	1. 37	3. 77
吨油能耗/(kg 标煤/t 油)	72. 56	322. 78
吨油可比能耗/[kg 标煤/(t 油 · 因数)]	12. 32	16. 70

表1-3中数据表明：如果仅依据传统的油气生产吨液能耗和吨油(当量)能耗来进行比较，两个采油厂的能耗指标将呈现出显著的差异，这种差异很大程度上是不同油田之间存在的客观因素所导致的。由于稠油油田油品特性，其能耗水平普遍高于常规油田。这种差异性使得传统的能耗指标不再适用于直接对比不同类型的油田能源效率。为消除不同油田之间因客观因素导致的能耗指标差异，使能耗水平具有可比性，需要引入能量因数这一概念。

能量因数的计算公式表明，分子部分代表的是采油厂在实际生产中应达到的能源消耗总量，而分母部分代表的是在主要生产系统均采用标准装置或工艺的情况下，应达到的基准能源消耗量。因此，能量因数的直接含义是将采油厂实际应达到的能源消耗量转换为采用标准装置或工艺的情况下的等效消耗量。采油厂中耗能环节越多、高耗能装置越密集，其能量因数就越高。能量因数是一个关键的指标，揭示油田生产系统在客观上对能源需求的程度。通过引入能量因数，在采用可比能耗的基础上，对两个具有不同生产能耗特点的采油厂的能耗指标进行了修正。这种修正可以更加科学合理地反映每个采油厂的能耗特点和水平。

以吨油能耗为例，常规油田采油厂的吨油能耗为72kg标准煤/t油，而稠油油田采油厂的吨油能耗高达322kg标准煤/t油，两者之间的差异显著。通过应用能量因数，成功地消除了由于生产能耗特性不同而造成的客观差距。经过修正后的吨油可比能耗分别为12.32kg标准煤/(t油·因数)和16.70kg标准煤/(t油·因数)，这一结果更为科学地反映了两个采油厂在能耗水平上的实际差异。这种比较方式考虑了各自的生产特点，使能耗指标更具可比性和公正性，为油田的能耗管理提供了更为精确的参考。

第二章

低碳节能技术分类

第一节　减碳技术

■ 1　零散气回收

1.1　技术简介

零散天然气主要是指在油气田开发过程中产生的，少量无法直接进入净化系统处理的天然气。其产生的原因主要有：一是钻井时的测试或探井试采取地质资料，此时集输管网尚未建设，放喷产生的液体易于收集并用汽车运输，天然气很难处理。二是修井作业后为排污而采取的放喷措施，此时为避免污染物进入集输系统或者管道输送能力限制，放喷油气不能直接进管网。三是一些偏远油井，建设管道不具备经济性，原油利用汽车进行运输，伴生天然气则难以处理。早期这部分天然气一般直接放空外排或点火燃烧，既浪费能源又污染环境。

由于零散气是在勘探开发过程中产生的，且不可避免，所以在计算能耗时，这部分天然气均按照自用气处理，属于总能耗的一部分，纳入能效考核指标。另外由于天然气中甲烷温室效应比二氧化碳更强、在空气中自然降解周期长，是需要严格控制的温室气体。所以减少零散气放空和就地点火燃烧，是油气田节能减碳的重要工作内容。

随着国家环保标准的提升，零散气资源逐步得到更多重视，各大油气田公司对零散气回收极其关注。由于数量多而分散且远离集气站或用户，且常常交通不便、缺少外部供水、供电条件和天然气外输管道等因素，催生了对其回收工艺技术的高要求。

目前国内外对零散天然气的回收方式正处于探索发展阶段，由于零散天然气的压力、产量、稳产期等基础参数差异大，回收利用方式也各不相同。主要回收、处理技术有：液化天然气 LNG、压缩天然气 CNG、吸附天然气 ANG、天然气水合物 NGH、油井套管气回收进流程技术等。

（1）液化天然气 LNG

液化天然气(Liquefied Natural Gas，LNG)是指天然气原料经过预处理，脱除其中的杂质后，再通过低温冷冻工艺在-162℃下所形成的低温液体混合物。天然气是一种混合物，其组分随气田不同而异，主要成分有甲烷、氮及 $C_2\sim C_5$ 的饱和烷烃，另外还含有微量的氦、二氧化碳及硫化氢等，通过制冷液化后，LNG 就成为含甲烷(96%以上)和乙烷(4%)及少量 $C_3\sim C_5$ 烷烃的低温液体。LNG 是由天然气转变的另一种能源形式。

（2）压缩天然气 CNG

压缩天然气(Compressed Natural Gas，CNG)是指通过压缩机将经过脱水的天然气采取压缩处理，存储到相应的 CNG 拖车中利用，之后运输到城市各个加气站，将高压天然气的压力降到 1.6MPa 进入存储罐，或者通过进一步降压进入相应的城市管道网络中。针对天然气处理站场或者油田中的放空天然气，可以将其压缩到相应的压力之后，进入下游的天然气管网，有效节约天然气。

（3）吸附天然气 ANG

吸附天然气(Adsorption Natural Gas，ANG)是指在储罐中装入一种具有丰富的微孔结构和巨大内表面积的吸附剂，这种吸附剂比表面积高，在常温、中压工况下可将天然气吸附存储其中。与 CNG 相比，ANG 技术应用在放空天然气回收领域时，优点是在较低的压力(3.5~6.0MPa)下就可以达到高压(20MPa)时 CNG 的存储密度，其投资和操作费较低，仅为 CNG 的一半，储罐形状和材质多样化，选择余地大、质轻、低压，安全性能更好，对储气设备耐压性能要求不高，投资费用低，使用方便等优点。

（4）天然气水合物 NGH

天然气水合物(Natural Gas Hydrate，NGH)是由天然气与水在高压低温条件下形成的物质，是一种具有笼形化学结构、外观类似于冰的结晶化合物。在标准状况下，$1m^3$ 的天然气水合物相当于标况时 $150\sim200m^3$ 的天然气。利用 NGH 回收储存放空天然气，对天然气的预处理要求低，安全可靠、费用低；具有储存空间小的优点，而且较气态、液态天然气更安全；存储条件容易满足，能够在标准温度-10~0℃和压力 0.1~1MPa 的条件下保存。

1.2 技术原理

(1) 液化天然气 LNG

液化天然气(LNG)的生产输送始于气田开采的原料气，通过多级过滤、压缩冷却及净化处理(包括胺法脱除二氧化碳、分子筛深度脱水、活性炭脱汞等工艺)后，进入核心液化阶段：混合制冷剂循环(MRC)系统在-162℃的深冷条件下将天然气相变为液态，随后存储于镍钢内胆的全容式低温储罐；通过真空绝热管道和专用 LNG 运输船进行冷链输送，抵达接收站后经开架式气化器(ORV)或浸没燃烧式气化器(SCV)再气化，最终以管道气形式接入能源供应网络，实现从井口到终端的全链条低温能源转换与输配。

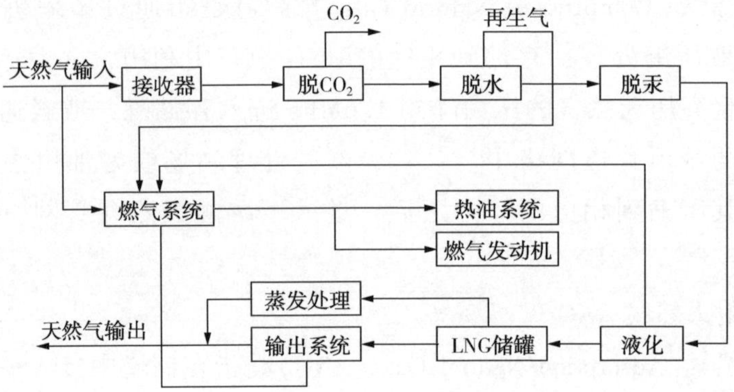

图 2-1 LNG 流程

(2) 压缩天然气 CNG

压缩天然气(CNG)的生产输送过程是将常温、低压天然气进行增压处理，利用高压槽车进行运输，使用减压站将高压天然气进行减压处理，同时进行调压并进入城市管网，回收过程见图 2-2。根据油田伴生气的特点和井场条件，在道路交通状况较好的情况下，采用 CNG 技术回收放空天然气。放空的天然气在井口经过处理后，用压缩机增压至目标工作压力，通常选用 25MPa，再用 CNG 罐车拉运到卸气站，通过卸气工艺将压缩的天然气卸入已建集气管线，从而实现回收利用。井口处理工艺设备全部橇装化，便于按不同的需求进行搬运和组合。

(3) 吸附天然气 ANG

吸附天然气(ANG)技术基于物理吸附原理，利用高比表面积吸附剂(如活性炭或金属有机框架材料)通过范德华力将甲烷分子捕获在其微孔表面，其中吸附剂的孔径需控制在0.7~1.5nm以匹配甲烷分子尺寸(0.38nm)，比表面积达2000~4000m²/g以提供充足吸附位点。相较于传统压缩天然气(CNG)，ANG系统在3.5~6MPa中压下即可实现等效储能密度，大幅降低储罐重量30%~50%；其吸附-脱附过程通过压力或温度调控实现可逆循环，例如通过降压释放甲烷或采用变温吸附(TSA)工艺再生吸附剂，从而平衡能量密度与经济性，为分布式能源储存提供了高效、轻量化的解决方案。

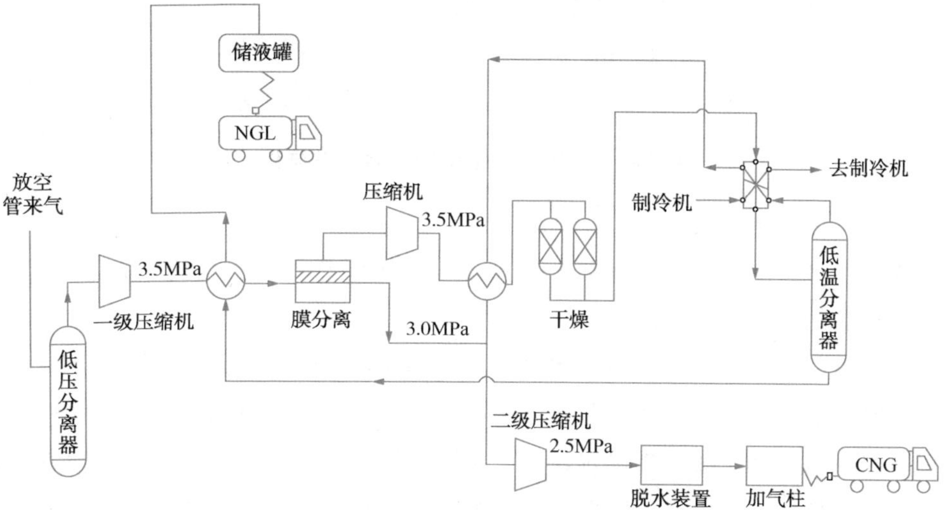

图2-2 CNG回收过程

零散天然气ANG回收工艺流程见图2-3，天然气通过采气树(采气树可有效控制气井产出天然气的流量和流向)进入换热器，利用换热器与循环水换热，当天然气温度升高后，进入水套加热炉加热，使温度继续升高至额定温度后，再通过节流阀节流降压降温。随后进入气液分离装置，分离出气体中的水分和其他固体杂质，然后根据其节流后的压力确定分离出来的气体是否需要使用压缩机进行增压。若气液分离装置后的天然气压力≥4MPa，则满足ANG储罐充装设计压力(4MPa)的要求，直接通过分子筛深度脱水后进入预吸附罐，再进入ANG储罐；若气液分离装置后的天然气压力<4MPa，则达不到ANG储罐充装设计压力，分离出来的气体需进入压缩机增压至储罐充装设计压力后，通过分子筛深度脱水，再进入预吸附罐缓冲和预吸附，最后进入ANG储罐吸附储存。预吸附罐内主要填充有较多孔隙结构的吸附剂，吸附来气中的高碳分子和其他杂质，同时在吸附和脱附的过程中起到缓冲作用。

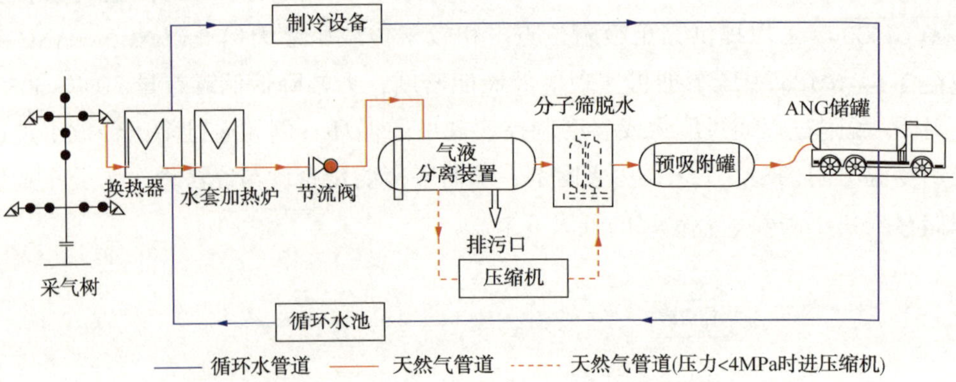

图 2-3 零散天然气 ANG 回收工艺流程

(4) 天然气水合物 NGH

天然气水合物(NGH)技术的基本原理是利用天然气水合物的强大储气功能，并结合相应的工艺技术将天然气制作成固态水合物，再将固态水合物运输到储气站，通过储气站将固态水合物分解成天然气供用户使用。天然气水合物(NGH)储运通常情况下有两种方法：一是开采海上气田或者是进口天然气，天然气在气田或者是出口国加工成天然气水合物，再通过轮船的方式运输到需要的地方进行汽化处理后使用。二是，内陆储运，这种方法特别适用于不需要铺设专用管道的情况，主要用于天然气水合物的储存和运输，通过在到达目的地后进行气化处理的方式，满足了当地用户对天然气的需求。

(5) 油井套管气回收进流程技术

套管气回收技术通过智能调控油气井油管与套管环空压力，利用井口节流装置(如气动调节阀)和自动化监测系统，将原油开采过程中析出的伴生天然气定向聚集并分离：通过动态调节环空压力梯度，促使溶解气从原油中高效析出，经气液分离后，气体由压缩机增压回注地层(维持储层压力)或输入集输管网；同时借助实时压力传感与流量控制，平衡井筒流体流动，防止气锁干扰生产，最终实现甲烷资源化回收，减少温室气体逸散并提升油气田综合采收率。

研发射流泵套管气回收装置，射流油嘴采用陶瓷材质，提高了耐磨抗腐蚀性能，延长了使用寿命；设计不同直径的射流油嘴，根据油井排量和套管气量，选择匹配的射流油嘴；陶瓷射流油嘴与本体采用椎体内衬式设计，结构更紧凑，更换更便捷。套管气清洁装置有效去除套管气的水蒸气及轻质成分，解决气管线冻堵和立式压缩机频繁烧泵问题。低压微型D型天然气压缩机实现小型丛式井组的集中收气，实现低质量套管气不处理进系统生产，主要改进点是将活塞改为多级耐磨活塞；增加中间腔，实现压缩液体与机油的分离。星璇泵式套管气回收装置对泵头进行机油润滑降温改造，对节电箱进行了远程控制改造、自动控制改造。

1.3 发展历程

美国雪佛龙公司安哥拉浅海油田，为实现伴生气的回收，在海上建造天然气处理平台，回收天然气凝液，经管道输送到陆地后进行分馏；Toyo公司开发的COREFLUXTM技术，可以从炼油尾气和油田伴生气中高效地回收液化石油气；20世纪80年代开始利用涡流管技术进行伴生气回收，涡流管具有重量轻、结构紧凑、易加工、体积小、无运动部件、不需要吸附剂、成本低、不需要定期检修、安全可靠、便于调节、可迅速开停车、伴生气回收率高等优点，在边际油气田伴生气回收上体现了其难以取代的使用价值。

相较国外成熟的油田伴生气回收工艺而言，国内包含油田伴生气在内的零散天然气回收尚未取得完全成熟的技术经验，且不同油气田零散天然气的压力、产量、气液比、稳产期等基础参数条件差异较大，也无法照搬复制。目前，针对零散天然气回收主要有液化天然气LNG、压缩天然气CNG、吸附天然气ANG、天然气水合物NGH、油气密闭输送、天然气处理就地外销、油井套管气回收进流程等工艺技术。其中，LNG技术因其液化装置及配套装置投资高昂，要求气井高产并能保持较长稳产期，对于低压低渗致密型气田而言是完全没有可行性的。因此，国内针对油田伴生气、放空气等零散天然气回收较为有效的是采用CNG工艺技术。例如塔里木油田、大港油田、冀东油田、胜利油田以及部分边际海上油田等均采用了此技术。

1.4 技术对比分析

1.4.1 技术优缺点

零散气回收技术优缺点见表2-1。

表2-1 零散气回收技术优缺点

技术	优点	缺点
液化天然气LNG	存储时不需要使用大型的存储设备，方便远距离运输，形态转化释放能量可以加以利用	投资高，要求气井产量高而稳定，且工艺流复杂，不利于设备整体撬装

续表

技术	优点	缺点
压缩天然气 CNG	建设周期短、灵活性强、建设成本低、不易受场地和设备限制	需利用压缩机对天然气加压，高压的天然气运输对储运设施的质量要求较高，增加了投资和运行费用
吸附天然气 ANG	投资和运行费用较低，储罐材料与形状选择性强，安全系数高，具有较大的经济性和安全性	吸附剂容量有限，限制了存储的天然气量，不适用于大规模储气需求
天然气水合物 NGH	对天然气的预处理要求低，安全可靠、费用低；具有储存空间小的优点，存储条件容易满足	技术不成熟，需要注意水合物的大规模快速生成、固化成型、集装和运输过程中的安全问题

通过对比分析，压缩天然气(CNG)技术要求相对较低，成熟度高，并且减压站可以建在使用地附近，这减少了输送距离。但在输送过程中CNG的压力较大，存在一定的安全风险。液化天然气(LNG)技术投资较高，要求气井产量高且稳定，工艺流程也较为复杂，不利于设备的整体搬迁。吸附天然气(ANG)技术可以在常温、中压(3~5MPa)条件下实现储存量与CNG模式接近，但在大规模储气方面存在一些劣势。天然气水合物(NGH)技术在处理和经济方面有很大优势，然而，该技术目前还不够成熟。

1.4.2 技术应用情况

(1) 液化天然气LNG

从2001年中原油田建成第一套商业化天然气液化装置开始，到目前20余年的时间，我国LNG应用技术得到了快速发展，建立起了涉及天然气液化、储存、运输、汽化和终端使用，以及配套装备各个方面具有中国特色的LNG产业，成为我国天然气工业发展中的一个重要方面。主要体现在：

前期的工厂大都是在引进国外技术的基础上，通过消化吸收与国内技术相结合完成，中原天然气液化装置是由法国索菲燃气公司设计，使用丙烷和乙烯为制冷剂的复叠式制冷循环；新疆广汇天然气液化装置由德国林德公司设计，采用混合制冷剂循环；而国内已建和拟建的中小型LNG液化工厂，其液化设备除主要设备外基本以国产设备为主，配套国产化设备已达到60%。

近年来，随着多套小型液化装置的建设，我国已完全能自行设计、制造、安装和调试LNG生产装置；2014年6月，湖北$500\times10^4m^3/d$ LNG国产化示范工程顺利投产，单线液化能力 120×10^4t/a。该项目采用多级单组分制冷工艺(MSC)专利技术，效率高、能耗低，并且实现了大型 LNG 工厂建设从技术到设备全面国产化，标志着中国成功步入自主建设百万吨级 LNG 工厂时代。

在 LNG 储运方面，我国在低温液体储罐领域，如液氧、液氮、乙烯储罐已有成熟的设计、建造技术：四川空分设备集团有限公司从 20 世纪 80 年代开始吸收外国设计，建造储罐的先进技术；在国内主要有堆积绝热、高真空缠绕绝热和真空粉末绝热三种类型的 LNG 储槽，容积从 30~700m^3 组合不等；而结构形式有立式和卧式两种；根据目前国内大型低温 LNG 储罐设计、建造技术现状，我国 30000m^3 以下的 LNG 储罐实现自主设计、建造的条件已基本成熟。

LNG 槽车目前有 30m^3、40m^3、45m^3、50m^3 等规格；因受车规的限制，目前真空粉末绝热一般以 30~35m^3 为限，而多层绝热可能达 40~50m^3，而且在行走、底盘、制动、照明等方面均有新的改善；罐式集装箱也得到了大力发展，罐式集装箱一次可装运 17.5m^3、40m^3 或 43.9m^3LNG 产品；采用高真空多层绝热，绝热性能好、无损储存时间长、自重轻、运输灵活；可公路、水路、铁路运输，或实现联运。LNG 主要应用于以下方面：

① 解决边远地区的能源供应。

LNG 可以通过地面或水上运输工具运输到远离天然气田的边远能源消费地，从而取代地下远距离管道输送，节省大量管线及站场建设的投资。

② 实现边远气田的开发或天然气回收。

利用 LNG 方式，可以有效解决远海、荒漠地区等边远气田的开发及其天然气回收问题。

③ 天然气调峰。

由于民用用户季节或日用气量波动、工业用户或 LNG 厂本身检修或改造以及输气管网发生故障等因素都将造成定期或不定期的供气不平衡，建设 LNG 储罐可有效地削峰填谷。对于高峰负荷型 LNG 工厂，一般建在用户附近，调节工业与民用天然气的不均衡负荷，确保供气的安全与平稳。

④ 回收利用冷量。

LNG 在常温下携带有大约 836J/kg 的冷量，不仅可以利用这些冷量来液化和分离空气，生产液氧、液氮或干冰，而且还可以用来发电、冷藏冷冻物品、低温破碎处理工业废弃物、淡化海水等。为此，有的调峰装置常与冷冻厂联建。此外，LNG 储罐的蒸沸气也可就近回收。目前，LNG 冷量回收率可达到 50%以上。

⑤ 生产副产品。

在 LNG 生产过程中的不同阶段，可分离出 C_2、C_3、C_4、C_5、C_{5+} 烃类以及 H_2S、H_2 等化工原料及燃料，由于氦(He)的液化温度为-269℃，当温度降到-162℃时天然气将全部液化成 LNG，因此 LNG 与氦(He)可以联产，这不仅节省投资、降低操作费用，而且提高了装置的操作灵活性。

⑥ 用作燃料。

天然气在液化之前除去了酸性气体、重烃、水、汞等有害成分，它除了用作发电厂、工厂、家庭用户的燃料外，其中甲烷还可用来制造肥料、甲醇溶剂及合成醋酸等化工产品，而乙烷和丙烷可以通过裂解来生产乙烯及丙烯等塑料原料。所以，LNG 是一种优质的化工原料和民用燃料。

(2) 压缩天然气 CNG

国内针对油田伴生气、放空气等零散天然气回收较为有效的是采用 CNG 工艺技术，如塔里木油田、大港油田、冀东油田、胜利油田及部分边际海上油田等均采用了此技术。

CNG 回收技术应用于吉林油田零散井，对该油田零散井进行综合分析，依照井口装置、压力等级划分为五个不同类别，一类~三类井为采气树井，四类井为简易井口井，五类井为盲板井。根据统计，2020 年该油田零散井累积采气量为 $396.6311\times10^4m^3$，伴随小型橇装 CNG 装置规模化应用，对零散井天然气进行放空回收，不仅降低井口压力，同时提升了企业效益，实现绿色环保。因此，对该油田零散井采用 CNG 回收技术，将试采井高压天然气加热节流处理后，进入脱水系统，脱水后压缩产生 CNG 进行储运。该过程涉及计量调压、三相分离、预处理、天然气压缩、脱水处理、装车等单元。依据 2020 年累积采气量和天然气价格，最终得出该采气量对应经济效益为 269.09 万元。

(3) 吸附天然气 ANG

ANG 技术是近些年来国内外重点研究的储运技术，其关键技术有两项：一是吸附量高的天然气专用吸附剂的开发；二是吸附储罐的结构设计。近些年来，美国、日本等发达国家及我国相关科研机构陆续对 ANG 储运技术进行研究、试验，并且取得了一定的成绩。

ANG 技术对于吸附过程中的温度和压强没有特殊的限制，所以对吸附储罐材质的要求限制比较低，其安全性能也较好，且投资成本较低。因此，ANG 技术适用于天然气短距离储运及油田零散气的回收处理。

(4) 天然气水合物 NGH

① 天然气的长距离运输——固态天然气水合物(Dry Hydrate)。天然气是一种对环境比较友好的清洁能源，但其气态存在运输问题。目前天然气的运输方式主要有两种：管道输送和液化天然气。

② 收集石油工业中的伴生气——两相冰水合物(Hydrate slurry)。对没有专门收集伴生气管道的石油部门，可利用水合物收集伴生气。

③ 天然气储存——在需要进行天然气储存的地方，把天然气转变为水合物储存在特定的海底或陆地上，在需要时再分解水合物获得天然气。

我国煤层天然气的分布非常分散，而且地区也相应的不平衡，但是煤层气的储量非常大，以主要的小型煤层气田为主，且很多天然气投资者对煤层天然气项目的开发利用程度不够了解。因此在实际使用过程中，可以将天然气水合物储运技术作为煤层气开发的主要集输方式，能增强煤层气的开采量。此外，我国存在许多小型、零散的天然气田，像常规的铺设天然气管道在经济上不可行。这时可利用水合物储运灵活的特点，把天然气转变为水合物进行开采、运输。NGH 技术还存在的技术难题是水合物的大规模快速生成、固化成型、集装和运输过程中的安全问题，以及如何寻找适合实际工业生产且经济合理的工艺流程，从而满足 NGH 的高密度、高储能特性。

1.4.3　技术发展方向

零散气因其分布分散、气量波动大、组分复杂等特点，传统回收技术往往面临成本高、效率低等挑战。近年来，随着能源转型与碳中和目标的推进，零散气回收技术正朝着高效化、智能化、低碳化、集成化方向加速发展，同时在商业模式和政策驱动下形成新的产业生态。以下是技术发展的核心方向与趋势：

(1) 小型化与模块化装备创新

零散气源点多面广的特点要求设备具备快速部署、灵活调节的能力。

撬装式压缩与液化技术：传统大型液化装置(LNG)难以适应小规模气田，新一代撬装式模块化设备成为主流。

低浓度气体富集技术：针对甲烷含量低于 30%的贫气，开发变压吸附(PSA)与膜分离耦合技术，通过多级吸附塔与高性能分离膜(如中空纤维膜)组合，回收率提升至 85%以上，且抗杂质(如 H_2S、CO_2)能力显著增强。

防冻堵与自适应设计：集成电加热伴热、纳米涂层防结蜡等技术的压缩机，可在−30℃高寒环境中稳定运行，减少因水合物或蜡沉积导致的停机损失。

（2）数字化与智能管控系统

物联网、人工智能与边缘计算的深度融合，推动零散气回收从“经验驱动”向“数据驱动”转型。

智能监测与动态优化：通过在气井、管道、处理装置中部署传感器网络，实时采集压力、流量、组分等数据，结合边缘计算设备进行本地化分析。例如，基于强化学习算法的智能调压系统，可动态调整压缩机转速与阀门开度，使气量波动工况下的回收效率提升。

预测性维护与风险预警：利用AI模型（如LSTM神经网络）分析设备振动、温度等参数，提前预测关键部件（如压缩机轴承）的故障概率，实现“按需维护”，减少非计划停机时间。

数字孪生与虚拟调试：构建气田回收系统的三维数字孪生模型，模拟不同工况下的运行状态，优化工艺参数并缩短现场调试周期。

（3）低碳工艺与能源协同利用

零散气回收与碳中和目标深度绑定，技术研发聚焦于碳减排与能源高效转化。

余压余热综合利用：开发透平膨胀机与有机朗肯循环（ORC）结合的余压发电系统，将压缩机排气压力（1～3MPa）转化为电能，单套装置年发电量可达50万度，满足自用电需求并降低外购电成本。燃气发动机的余热（200～400℃）则用于气液分离器加热或驱动吸收式制冷，能源综合利用率大幅提升。

电化学催化与碳转化：针对含CO_2的伴生气，采用电化学催化重整技术，在低温低压条件下将CH_4与CO_2转化为合成气（H_2/CO），选择性达90%以上，产物可作为化工原料或燃料电池燃料，实现碳资源增值。

绿氢耦合与微电网整合：在风光资源丰富的地区，利用可再生能源电解水制氢，与零散气中的甲烷混合（掺氢比例10%～20%），形成低碳燃料供应体系；或通过燃料电池将零散气直接发电，接入离网微电网供周边设施使用。

（4）多场景适配与资源整合模式

针对不同气源特性与应用场景，技术路线呈现高度定制化与协同化特征。

海上平台与边际气田：开发浮动式LNG生产储卸装置（FLNG），集成气体预处理、液化、储存功能，适用于深海气田开发。陆上边际气田则推广分布式CNG储运系统，通过高压气罐车实现“点对点”供气，替代柴油发电。

煤层气与页岩气：针对高含水煤层气，采用超疏水膜分离+分子筛吸附组合脱水技术，水露点可降至-70℃以下，避免管道冻堵。页岩气回收则聚焦低产井增压开采，利用超临界 CO_2 压裂技术提高采收率。

气电氢联产与碳交易：构建“气-电-氢-化”多联产体系，例如将零散气转化为甲醇或液氨等高附加值产品；同时，通过碳捕集与封存(CCS)或碳汇交易抵消排放，提升项目经济性。

(5) 政策驱动与商业模式创新

全球甲烷减排承诺与碳市场机制加速技术商业化。

法规强制与激励政策：美国 EPA《甲烷减排新规》要求油气企业安装泄漏检测与修复(LDAR)系统，欧盟碳边境税(CBAM)则推动企业加装回收设施以降低碳成本。中国通过财政补贴(如煤层气开发 0.3 元/立方米补贴)鼓励技术创新。

合同能源管理(EMC)与气量分成：第三方服务公司投资建设回收设备，与气田业主按气量或碳减排收益分成，降低业主初期投入风险。例如，壳牌在尼日利亚推行“气转电”项目，通过售电收入回收投资。

碳金融与绿色认证：零散气回收项目可申请国际核证减排标准(VCS)或黄金标准(GS)认证，出售碳信用获取额外收益。预计 2030 年全球零散气回收市场规模将突破 150 亿美元，年复合增长率达 9.2%。

1.4.4　展望

零散气回收不仅是油气田降本增效的关键手段，更是实现甲烷减排承诺、构建零废能源系统的核心路径。随着技术进步与政策加码，其将在全球能源转型中发挥更重要的作用。

1.5　结论与建议

1.5.1　调研结论

随着经济的高速增长和国民生活水平的提高，为优化能源消费结构，降低国产石油供给不足带来的负面影响，在发展低碳经济和保护环境的同时，在时代和全球的背景下，必须通过科技创新赋能减碳技术，必须重视零散气回收技术的研究开发。同时，结合不同的气源情况和用户情况，对现有零散气回收技术提出更加有效的方法，为未来零散气回收的进一步发展奠定基础。

1.5.2　推广建议

从技术优缺点对比来看，应根据不同的气源情况以及实际需求情况实施不同的零散天然气回收技术。在这些技术的基础上应根据实际情况与其他新技术加以结合，以此提高零散气回收的效率。结合塔里木油田的条件与现有技术的发展情况，建议优先实施 LNG 或者 CNG 技术。原因是目前 LNG 和 CNG 在技术方面比较成熟，均已工业化。LNG 安全性高、能量存储大，适合远距离运输；CNG 制造工艺简单且成熟。而 ANG 和 NGH 在技术上都未完全工业化，ANG 对活性炭要求高，受天然气气质影响较大；NGH 目前的储运工艺需要进一步的研究和改进，配套装置也需要专门的研究，技术有待进一步成熟。

■ 2　火炬熄灭

2.1　技术简介

火炬是石油石化工业生产中为确保安全生产防止突发意外事故所必须设置的主要设施。火炬气体的排放和燃烧不仅造成大量干气、蒸气的严重浪费，也增加了生产成本，而且还对环境造成很大污染。所以无论是从经济角度还是从环保方面来看，治理火炬都是一项集资源利用和环保效益于一体的举措。

火炬熄灭技术通过智能控制系统精准切断油气供应并逐步降低管道压力，使火焰自然衰减，同时利用气液分离罐和压缩机将残留气体增压回注至生产系统或储存设备，避免直接排放；系统配备多重安全阀和紧急切断装置防止回火或气体泄漏，部分场景还采用惰性气体(如氮气)注入燃烧室隔绝氧气，确保熄火过程安全可控，最终实现减排与资源回收的双重目标。

所谓“熄灭”火炬，实际上只是相对而言。因为完全消灭火炬是不可能的。其正确理解应是：全部燃料气要回收和充分利用，正常生产情况下不使用火炬，事故放空时能够及时点燃火炬。

2.2　技术原理

(1) 高压火炬气回收方案选择

高压火炬气回收技术是一种针对石油炼制、化工生产等工业过程中产生的高压可燃废气(如甲烷、氢气、轻烃等)进行高效回收与资源化利用的系统性解决方案，其核心目标是通过“零燃烧、全回收”模式，将原本通过火炬燃烧排放的高压气体转化为可再利用的能源或原料，从而显著降低碳排放与能源浪费。该技术通过集成气体收集、增压净化、安全控制及回注利用四大环节实现闭环运行：首先，在气体收集阶段，利用高压管网或专用抽气装置将火炬气从排放系统中分离并导出，通过气液分离罐去除夹带的液态烃、水雾及固体颗粒，确保后续设备免受堵塞与腐蚀；随后，采用多级压缩机（如活塞式、螺杆式或离心式）对气体进行增压处理，根据气体组分和回注需求将压力提升至0.3~4.0MPa，同时通过脱硫、脱水等净化工艺降低硫化物、水分等杂质含量，以满足燃料气管网或生产工艺的纯度要求；在此过程中，系统通过压力平衡阀组、防回火水封装置及智能联锁控制系统实时调节气体流量与压力，防止管网压力波动或设备超压风险，并配备氮气密封、防爆电机、紧急切断阀等多重安全保障措施，确保在易燃易爆环境下的稳定运行。完成增压净化的气体最终被回注至企业内部的燃料气系统，替代天然气或燃料油用于锅炉、加热炉等设备的燃烧，或作为原料重新进入裂解、合成等生产流程，实现能源的循环利用。此外，针对间歇性排放或压力波动较大的场景，技术还引入气柜缓冲系统（如干式橡胶膜气柜或湿式螺旋气柜），通过暂存与稳压功能平抑气体供应波动，保障压缩机连续稳定运行。从环保效益看，该技术可减少95%以上的火炬燃烧碳排放，单套系统年减排二氧化碳可达数万吨，同时回收气体的热值相当于数千吨标准煤，显著降低企业外购能源成本；从技术适应性角度，其不仅适用于炼化企业正常工况下的高压废气回收，还可处理装置开停工、事故泄放等非稳态排放气体，兼容含硫、含湿、多组分复杂气体的处理需求。当前，随着碳达峰、碳中和目标的推进，高压火炬气回收技术正与碳捕集、氢能利用等新兴方向融合，例如将富氢火炬气提纯后用于氢燃料电池或化工合成，进一步拓展资源化路径，而其智能化升级（如基于物联网的远程监控、数字孪生优化控制）亦在提升系统效率与可靠性。总体而言，该技术通过"能效提升-污染削减-资源再生"的协同机制，成为高耗能行业绿色转型的关键支撑，兼具显著的经济、环境与社会效益。

基于气田凝析油的特性，凝析油处理选用二级处理加过滤聚结流程，高压火炬气回收处理流程方案1如图2-4所示，即先用段塞流捕集器和三相分离器完成两级分离，再通过凝析油分离器和凝析油聚结器完成过滤和深度脱水，再进入凝析油缓冲罐完成增压外输，来自上游平台的凝析油进入缓冲罐。三相分离器通过闪蒸气稳压，缓冲罐通过覆盖气和上游平台凝析油闪蒸气稳压，压力超过设定点后进入高压火炬系统燃烧排放。

高压火炬气来源有二，一为凝析油闪蒸气，二为缓冲罐覆盖气，覆盖气来源于干气。通过组分分析可知，高压火炬气以$C_1 \sim C_3$为主，约占92.59%，低位热值较高（34.54MJ/m^3），经过现场实际测算，高压火炬气放空量日均$2\times10^4 m^3$，回收价值可观。

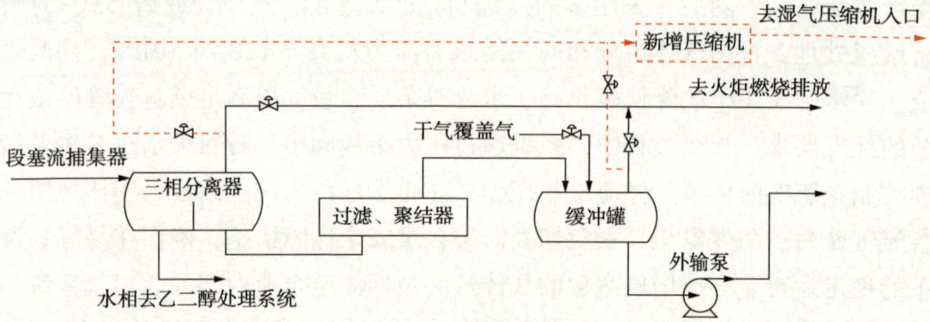

图 2-4 高压火炬气回收处理流程方案 1

针对大量闪蒸气排放燃烧问题，高压火炬气回收处理流程初步确定为以下两种方案：

方案 1：新增一台高压闪蒸气压缩机，将高压闪蒸气由 2000kPa 增压至 2500kPa，以满足湿气压缩机入口压力，从而通过湿气压缩机回收高压闪蒸气，如图 2-4 虚线所示。

方案 2：新增一台凝析油增压泵，提高二级分离系统和凝析油闪蒸罐压力，保证高压闪蒸气压力高于 2500kPa，并新增管线将闪蒸气引入湿气压缩机入口，从而达到回收的目的，如图 2-5 虚线所示。

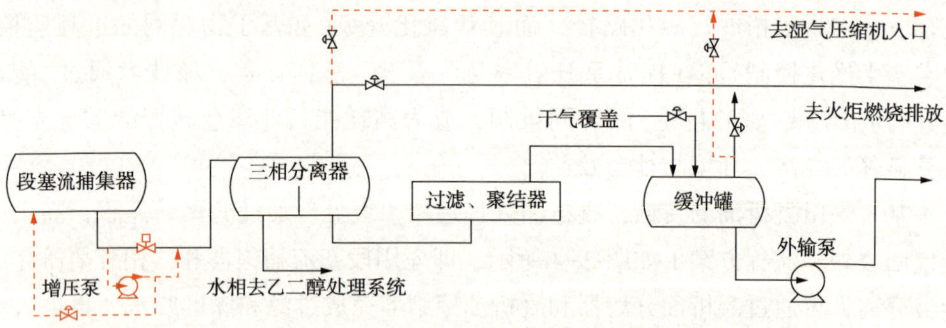

图 2-5 高压火炬气回收处理流程方案 2

两种方案中，高压闪蒸气均通过湿气压缩机完成最后的回收。

方案 1：高压气体分开进入新增的高压压缩机增压后回收至湿气压缩机入口；需要设置一台处理量为 $2\times10^4m^3/d$(天然气)的高压闪蒸气压缩机；凝析油系统有预留接口，改造相对容易。

方案 2：新增凝析油增压泵，提高凝析油处理系统压力，实现高压放空气回收；凝析油增压泵处理量为 $120m^3/h$ 液量；凝析油增压泵体积小，操作维护简单，可考虑备用；凝析油系统有预留接口，改造相对容易。

对于已投产设施的后期改造应遵循尽量少增加设备、少改造流程的原则，同时尽可能减少设备的操作难度，保证系统的稳定运行。两种方案均可以达到100%回收的目的。

(2) 低压火炬气回收方案选择

低压火炬气回收技术是针对石油化工、炼油、制药等行业中产生的常压或微负压工况下可燃性废气(如 VOCs、含硫气体、低浓度烃类等)进行安全收集、提浓净化与能源化利用的综合性技术体系，其核心在于解决低压力、低浓度、高湿度及含腐蚀性组分气体的高效回收难题。该技术通过“负压抽吸-组分提浓-增压回用”的全流程设计，首先利用蒸汽喷射器、罗茨风机或液环真空泵构建负压系统，将分散排放的低压火炬气(通常压力低于 0.1MPa)从储罐呼吸阀、工艺泄放口等源头主动抽取，经气液分离器去除液态水、油雾及颗粒物，防止后续设备结垢或腐蚀；针对含氧量较高或组分复杂的废气，采用预处理单元(如低温冷凝、活性炭吸附或膜分离技术)进行初步提浓，将甲烷、氢气等有效组分浓度提升至可燃范围(通常>30%LEL)，同时通过脱硫塔(如胺法、生物脱硫)或催化氧化装置去除硫化氢、硫醇等有毒物质，确保气体符合燃料品质标准。提纯后的气体由液环压缩机、螺杆压缩机等低压适应性设备增压至 0.2~0.8MPa，期间通过级间冷却与二次分离进一步降低水含量，最终输送至企业燃料气管网或专用储气柜，作为锅炉、焚烧炉或燃气轮机的替代燃料，也可通过 PSA(变压吸附)或深冷液化工艺提取高纯度氢气、乙烯等化工原料。针对间歇性排放特性，系统集成智能缓冲气柜与压力联动控制系统，通过 PID 调节抽气设备转速或喷射器蒸汽流量，动态平衡气体收集与处理负荷，避免因压力骤变导致回火或设备喘振；安全层面则采用阻火器、氮气惰化、火焰探测器与联锁紧急切断阀等多重防护，并设置在线气相色谱仪与可燃气体报警器实时监测组分及浓度，确保含氧量始终低于爆炸下限的 60%。该技术尤其适用于炼油厂延迟焦化冷焦水罐逸散气、污水处理场浮顶罐呼吸废气、制药企业溶剂回收尾气等典型场景，可减少 90%以上的 VOCs 无组织排放，单套系统年处理量可达百万立方米级，回收气体热值相当于数千吨标准煤，同时削减硫化氢等恶臭污染物排放 80%以上。相较于高压火炬气回收，低压技术面临更高能耗挑战(如真空维持与多级压缩)，因此常通过余热回收(如压缩机级间热量用于再生吸附剂)、与 RTO(蓄热式热氧化)耦合等优化手段降低运行成本，并借助碳交易机制与环保补贴提升经济可行性。当前，该技术正向模块化、智能化方向发展，例如采用磁悬浮压缩机降低摩擦损耗，引入AI算法预测气体波动并优化设备启停策略，同时探索电化学脱硫、光催化净化等绿色工艺替代传统化学洗涤，以应对日益严格的环保法规（如GB31571与欧盟IED指令）与“近零排放”要求，成为工业企业实现减污降碳协同治理的关键技术路径。

低压火炬气主要来源有三甘醇再生系统汽提气和乙二醇再生系统的放空气，主要有水封罐回收法和压力控制系统回收法两种较为成熟的方案。近年来，新型的等离子随即引燃火炬技术逐步推广应用。

① 水封罐回收法。水封罐回收法是在火炬管线中间端加装三通，一端引入火炬气回收压缩机，另一端通过设置合适水位的水封罐来实现火炬分液罐与火炬头之间的隔离，并实现压缩机稳定的入口压力，当大气量泄放天然气时火炬气能顺利冲破水封液柱阻力，保证安全生产。

② 压力控制系统回收法。压力控制系统回收法通过在火炬管线上设置快开阀、爆破片以及压力控制阀中的两种或者三种的组合体，使得火炬分液罐与火炬头隔离，同时将低压火炬气引入回收压缩机。在异常情况下快开阀根据设定的逻辑开启将火炬气泄放至火炬，若快开阀失效则爆破片打开达到双重保护的功能，低压火炬整体回收方案示意图见图2-6。

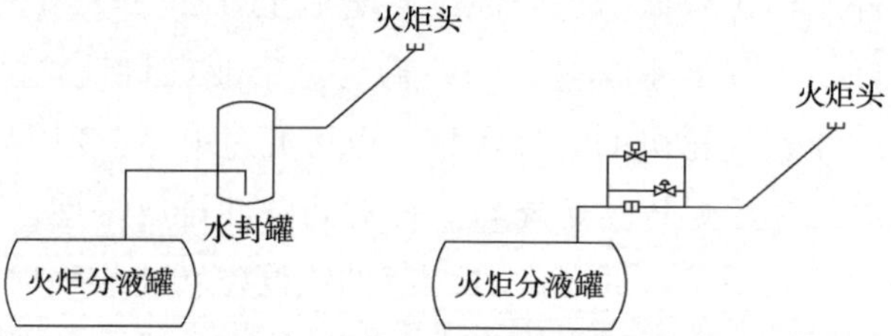

图2-6　低压火炬整体回收方案

（3）等离子体点火助燃。等离子体点火助燃利用气体放电形成局部高温区域，并激发大量的活性粒子，实现快速的点燃可燃混合气或强化燃烧的进程，高温持续等离子火焰温度高达6000℃，等离子闪电瞬间温度高达20000℃。对应的火炬头采用微正压升降式燃烧器，为同心双管笼套式结构，在无火炬气时依靠自身重力达到密封的效果，升降器可根据实际的开启压力、摩阻力等进行设计。新型的等离子随即引燃火炬在点火和密封上具有一定的优势，微正压升降式燃烧器的效果示意图如图2-7所示。该技术在普光气田得到实际应用，经过调研确认，普光等离子随即引燃火炬投运三年来，运行状况良好。

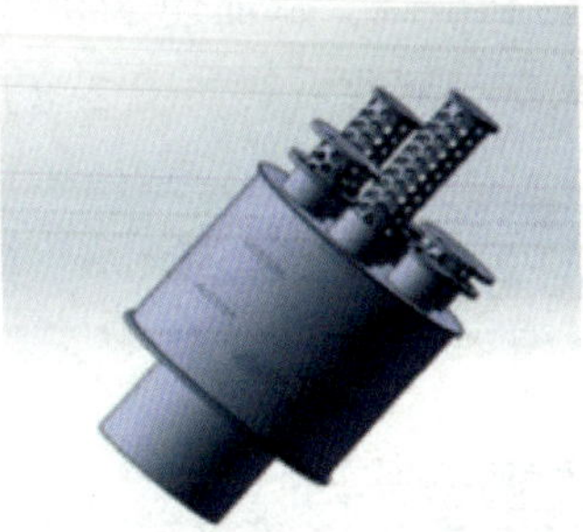

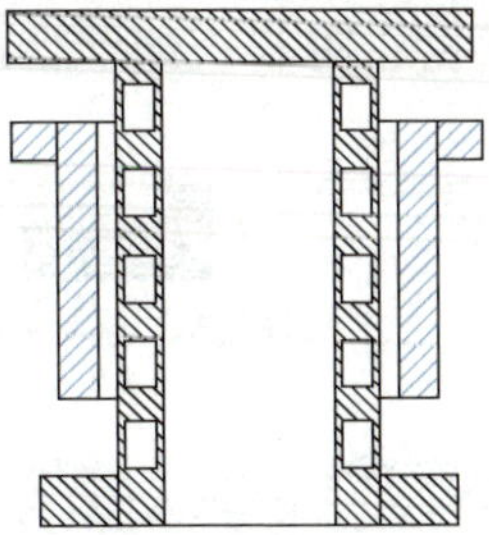

图 2-7　微正压升降式燃烧器的效果示意图

等离子点火助燃技术通过创新燃烧机制与系统集成显著推动节能低碳目标的实现。该技术利用等离子发生器产生 5000℃以上的高温电离气体，在毫秒级时间内直接裂解燃料分子并激活化学键，使甲烷、氢气等可燃成分在超低过剩空气系数(1.02~1.05)下实现充分燃烧，热效率较传统方式提升 20%~30%，大幅降低单位产出的燃料消耗。同时，其极速点火特性(0.1s 内完成引燃)可省去传统柴油点火系统长达数分钟的预热过程，避免燃料在低效燃烧阶段的损耗。该技术还具备低热值燃料适应能力，可稳定引发热值低至 $3MJ/m^3$ 的炼化尾气、垃圾合成气等传统难以利用的低碳燃料，替代化石燃料比例达 40%~60%，并通过"零长明灯"设计消除火炬系统持续燃烧天然气的消耗，仅此一项改进即可减少 24h 不间断的辅助燃料使用。系统集成智能控制模块，根据废气排放量动态调节等离子能量输出，结合余热回收装置将级间高温热量用于预热进气或吸附剂再生，进一步降低整体能耗 15%~20%。在环保层面，高温等离子体可彻底分解二噁英、硫化物和氮氧化物，实现有毒有机物减排 80%以上，同步降低颗粒物与 CO_2 排放，每处理万吨工业废气减少碳排放 500~800t，若耦合碳捕集技术，捕集效率可达 95%以上，助力化工、电力等行业达成近零排放目标。该技术通过燃烧效率提升、能源结构优化与污染协同治理的闭环路径，成为支撑工业领域绿色转型的关键低碳技术。

(4) 一种新颖和新的火炬气回收解决方案

将天然气发电(Gas to Power，GTP)技术与火炬气回收(Flare Gas Recovery，FGR)技术相结合，通过将火炬气体转化为电力来更好地利用火炬气，GTP 技术也是燃烧气体来发电，最终将有害排放物排放到环境中。这与在火炬堆中燃烧气体非常相似，因此部署 GTP 技术的温室气体净减排影响更低。所有废气/烟道气体都经过处理并转化为农业肥料和瓶装二氧化碳，然后在市场上出售产生收入。

废气经过净化以去除硫氧化物、氮氧化物和甲烷，从而使 FGR 装置的排放量降到最低，远低于监管限制。烟气处理的火炬气回收方案如图 2-8 所示。

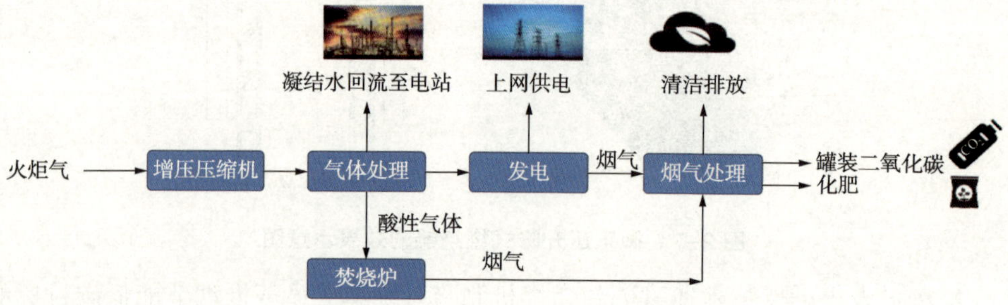

图 2-8 烟气处理的火炬气回收方案

烟气处理系统由 SO_x 去除装置（图 2-9）、甲烷还原装置（图 2-10）、NO_x 去除装置和 CO_2 捕集装置组成。

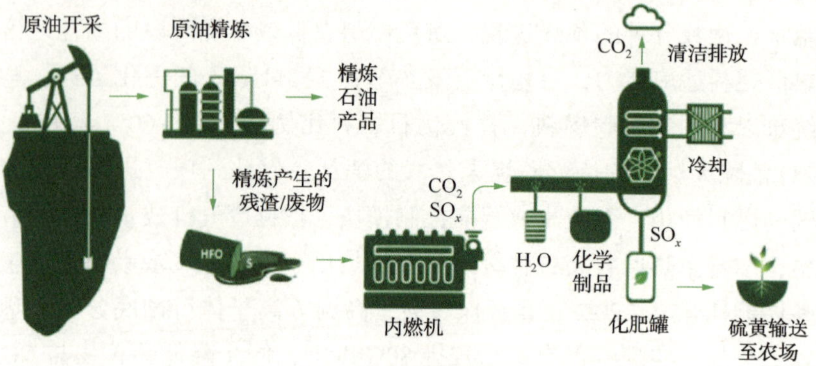

图 2-9 SO_x 清洁技术将 SO_x 转化为肥料

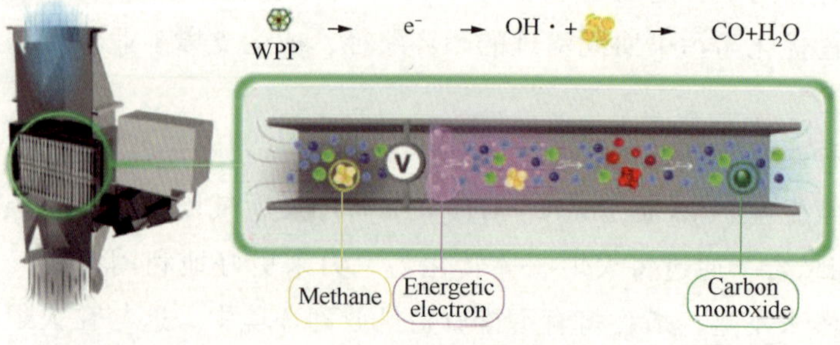

图 2-10 甲烷还原系统

SO_x 脱除装置和甲烷还原装置产生的气体进一步输送到 NO_x 脱除装置，对污染物进行净化，排放清洁气体。CO_2 去除装置基于成熟的行业解决方案，并与烟气处理系统集成，以实现清洁排放。为 FGR 系统提出的 NO_x 去除装置是基于选择性的催化还原过程。经过 NO_x 脱除装置后到达 CO_2 捕获装置，其装置基于成熟的行业解决方案，采用溶剂进行处理。

2.3 发展历程

国内外炼油厂火炬气的回收主要采用燃料型和原料型两种方式，其中原料型方式通过分离、吸附火炬气中有效组分，将其作为再加工的原料来增加产品的质量，主要针对特定的化学设备排放气而言的。燃料型回收方式适用于大型石油化工联合企业，由于其火炬气组分较为复杂且杂质含量大，想从中提取出相对有效成分，在技术和经济上的可行性有待商榷。

国外的相关学者 Ghazi 等采用多级分离中间产物的办法来研究原油的稳定性，以此调查火炬气的回收；Oguejiofor 研究了尼日利亚相关炼厂运用天然气制油技术(Gas To Liquid，GTL)以减少火炬气的燃烧；Zadakbar 给出了研究减少、收集和重新使用火炬气的两个案例。Xuetal. 通过启动全厂的动态模拟，研究了一套使火炬气最小化的通用办法。国外的炼油厂对于火炬气的回收一般采用三种办法：

① GTL 技术，即以天然气为原料生产合成气、再经费-托反应生产合成油，该技术不仅有效地解决了火炬气燃烧带来的环境污染问题，同时在原油资源相当紧张的背景下，提供了新的交通燃料。②燃气轮机发电技术，通过火炬气和压缩空气混合后的剧烈燃烧，产生高热量的气体，带动发电机，进行发电。③管道压缩技术，通过压缩机对火炬气加压，使之达到所需压力后并入高压瓦斯管道，作为燃料气供全厂使用。国外学者 Mohammad Reaza Rahimpour 等对伊朗炼气厂的火炬气回收技术进行研究，并逐一地对上述三种方法进行工艺模拟。综合考虑回收工艺、投资成本、资金回收率、年利润等因素，得出燃气轮机发电技术为最安全、环保、经济的技术。

从 20 世纪 80 年代，国内开始研究火炬气回收技术，并用于与生产。在 1996 年中国石化从利用资源、保护环境的高度向全系统提出熄灭火炬的要求，并制定相关标准：《石油化工企业熄灭火炬考核验收标准》，同时开展回收利用火炬气、熄灭火炬的相关工作。

2023年，中国生态环境部联合有关部门发布《甲烷排放控制行动方案》，提出石油天然气开采行业力争逐步实现陆上油气开采零常规火炬的主要目标。主要任务是推动逐步减少油气系统常规火炬；优化油气田地面工程建设与管理，减少火炬系统天然气燃烧量；科学规划设计新建油气作业项目，在确保生产安全的基础上，努力逐步减少常规火炬燃放。

2.4 结论与建议

（1）调研结论

塔里木油田的火炬气经过多年治理，目前排放规模已经不大。部分火炬气存在排放不稳定、量小等原因，回收难度大，急需投入小、效果好的新型技术进行深度治理。

（2）推广建议

根据调研结果，塔里木油田火炬熄灭可根据油田的具体情况选择高压火炬气回收技术或者低压火炬气回收技术。其中高压火炬回收技术两种方案都能100%回收，且都容易改造。

（3）技术展望

射流技术也可以用于低压放空气回收。其核心原理是利用高压动力气源（如天然气或压缩空气）通过喷嘴加速形成高速射流，在混合室内产生负压区（压力可降至0.05~0.3MPa），从而主动抽吸低压放空气体（如油田火炬气或工业废气）。两股气体在文丘里管结构内充分混合并完成动能传递，混合后的气体通过扩压段逐步增压，最终达到可回收压力（通常提升至0.8~1.2MPa），实现低压气从“排放”到“管道输送”的转化。该技术无需机械压缩机，通过射流动力学直接完成气体增压，设备结构简单且无运动部件，适用于易燃易爆环境，回收效率可达85%以上。渤海油田采用射流增压装置替代传统压缩机，成功回收油气处理系统产生的低压火炬气（压力0.05~0.3MPa），年减排二氧化碳超5万吨，经济效益显著。在“双碳”目标下，射流技术作为零碳排核心装备，有望在油气行业全面推广。

井下节流加热、高效燃烧、采用高效设备、热泵技术应用等，是油田生产过程中节能减碳的重要举措，在本章节中不展开描述，在应用案例中收录。

第二节　替碳技术

■ 1　机采系统

1.1　技术简介

机采系统是油田最重要的生产系统，也是最主要的耗能系统，年能耗量约占油田总能耗的60%以上。同时随着油田的不断深入开采，油田的井况更加复杂，增加了油田的开采难度，需要消耗更多的能量。因此，国内外都在研究更高效的采油技术、采油产品，如超长冲程抽油机采油技术、抽油机不停机间歇采油技术、智能间抽技术以及节能设备等。

（1）超长冲程抽油机采油技术

超长冲程抽油机采油技术是指地面选用超长冲程抽油机，井下应用超长冲程抽油泵，实现“长冲程、低冲次”的采油模式。超长冲程抽油机具有长冲程、低冲次的特点，可使冲程损失减小、泵效率和系统效率提高、杆管的使用周期延长、故障减少，整机质量提高。

（2）抽油机不停机间歇采油技术

对于低产低效的油井，抽油机不停机间歇采油技术可以有效解决低产油井出油量低、供液不足、能耗过高的问题，可以降低采油生产中过高的能耗，有效控制采油生产的成本。

（3）智能间抽技术

油井间抽就是指当油井发生空抽时关闭抽油机，等待井下液量蓄积；当液面超过一定深度时，再开启抽油机进行抽汲。智能间抽技术是指通过自动识别油井动液面变化制定合理开关井制度，达到节能降耗目的的技术。

（4）“智能间抽+离网式光伏发电”技术

“智能间抽+离网式光伏发电”技术是指结合光伏智能直驱技术将发电量“电尽其用”。满足智能间抽提高机采系统效率的同时，实现智能运行与光伏用电的一体化控制，确保油井产量和效益优先。

（5）机采产品应用

机采系统节能产品根据应用对象不同主要分为节能抽油机、节能电机、节能控制装置等，以此降低游梁式抽油机的能量损耗，减少能源浪费。

（6）碳纤维复合材料连续抽油杆

碳纤维复合材料连续抽油杆的外形呈带状，横截面为矩形（通常的尺寸为36.83mm×5.38mm），长度可达915m，中间没有接箍，仅两端各有一个刚接头，可缠绕到直径3.05m、宽0.15m的滚筒上。合理利用碳纤维复合材料连续抽油杆，可达到增产、节电、延长检泵周期、降低采油成本的目的。

1.2 技术原理

（1）超长冲程抽油机采油技术

超长冲程抽油机系统包括五部分：控制系统、制动系统、排绳系统、传动系统和动力系统。控制系统：启动后自动运行，出现过载或遇阻后可自动停机。制动系统：通过外抱式制动方式，停机时立即制动。排绳系统：通过链条带动排绳器实现自动排绳。传动系统：电动机动力通过链条传到滚筒，带动柔性抽油杆做运动。动力系统：由减速器和电动机构成。

工作原理为：超长冲程抽油机上冲程时，电动机在控制系统驱动下正转，带动滚筒减速器正转，柔性钢丝绳通过滚筒转动盘在滚筒上，通过主机架上传动轮上移，带动钢丝绳及下接抽油杆也向上运动。下冲程时，电动机在控制系统驱动下反转，带动滚筒减速器反转，盘在滚筒上的柔性钢丝绳通过滚筒转动释放，通过传动轮钢丝绳及下接抽油杆进入井口。超长冲程抽油机冲程、冲次可进行无级调整，由控制器计算出柔性抽油杆运行长度，误差较小，设备运行情况实时监控，当出现上行过载、下行遇阻情况时可自动停机。超长冲程抽油机结构示意图见图2-11。

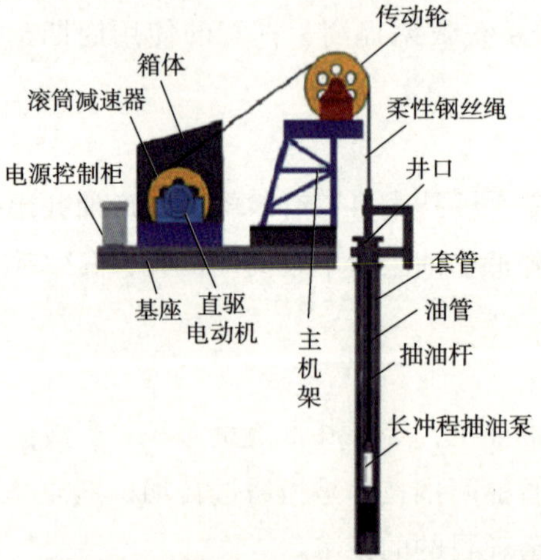

图2-11 超长冲程抽油机结构示意图

（2）抽油机不停机间歇采油技术

抽油机不停机间歇采油技术的原理就是借助于曲柄摆动能耗的降低以及曲柄连续运动周期的调整对抽油机的运行状态进行改造，使用短周期的运行方式替代传统的长时间集中采油的模式，通过小规模的带动曲柄运行达到降低能耗，提升效率的目的。抽油机不停机间歇采油技术主要针对低产油井，通过电流传感器对油井进行动态跟踪和监控；利用自动化的控制系统，对抽油机的运行进行灵活地控制；通过对油井状态的监控，对油井运行产生的数据进行智能化地分析和处理，从而灵活的调控抽油机的工作状态，达到供排之间的平衡，进而有效控制生产成本，提高抽油机运行效率。

（3）智能间抽技术

智能间抽技术原理的核心是闭环柔性控制技术。闭环柔性控制装置系统主要由工频运行组件、变频柔性运行组件、变频器、闭环控制器、柔性控制器及采集、通讯组件组成，应用闭环控制技术、柔性控制技术实现抽油机井的现场自动控制及低能耗长效运行。

应用闭环控制技术可以实现抽油机井的现场自动控制。闭环控制器直接与工控 RTU 通信，获取抽油机井最新载荷位移数据，并利用该组载荷位移数据计算抽油机井的当前泵效。获取计算结果后与预设目标值对比，若大于预设目标值，则抽油机井保持当前的工作制度；若小于预设目标值，闭环控制器则依据闭环控制算法计算出最优工作制度，并控制抽油机井进行自动调参。

应用柔性控制技术实现低能耗长效运行。通过增加柔性控制模块，嵌入闭环控制装置，实现柔性控制。柔性控制技术是根据悬点载荷变化，结合光杆运行速度与加速度的控制，消除杆柱惯性载荷的影响。每冲次采集一次地面示功图计算出充满度或井口实际产液量，通过载荷随动控制对功率曲线削峰填谷柔性运行，使电机保持恒功率输出，从而改善杆柱受力状况，提高井下泵的充满系数，实现低能耗长效运行。

（4）“智能间抽+离网式光伏发电”技术

离网式光伏发电以光伏电池板为发电部件，控制器对所发的电能进行调节和控制，其一方面把调整后的能量送往直流负载或交流负载，另一方面把多余的能量送往蓄电池组储存，当所发的电不能满足负载需要时，控制器又把蓄电池的电能送往负载。蓄电池充满电后，控制器要控制蓄电池不被过充。当蓄电池所储存的电能放完时，控制器要控制蓄电池不被过放电，保护蓄电池。控制器的性能好坏，对蓄电池的使用寿命影响很大，并最终影响系统的可靠性。

离网型光伏发电系统的工作原理和其结构图如图 2-12 所示。首先通过光伏阵列接受阳光照射，产生电能；然后利用控制器的工作原理，一方面通过逆变器转换成符合用电负载需求的直流或者交流电能，给用户供电，另一方面当阳光充足时，将多余的电能储存在蓄电池中，方便在阳光不充足时，通过对蓄电池的放电控制，继续为用电负载供电，保障油机用电需求。该项技术将能源供电与智能化采油技术有机结合，为边探井提产提效探索出了一条新的技术路径。

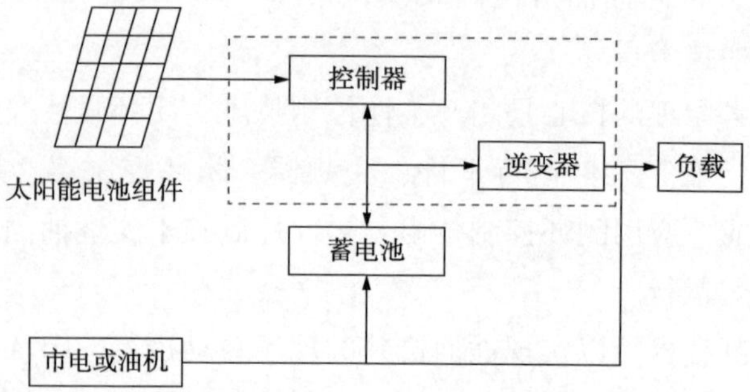

图 2-12　离网型光伏发电系统结构图

(5) 机采产品应用

① 节能抽油机

节能抽油机包含数字化抽油机和立式抽油机。数字化抽油机是集成了油井数据采集模块，将油井数据采集处理后，远传到上位机，并接收上位机指令，对抽油机进行控制，以实现抽油机电参功图数据等相关参数的自动采集和远程控制操作，能自动判定并调整冲次和平衡；立式抽油机采用塔架立式结构，舍弃四连杆机构，缩短动力传动路线，实现长冲程、大负载，采用平衡块砝码式配重，实现精确平衡，提高系统效率。

② 节能电机

电动机最主要的节能方法就是提高负荷率。具体方法主要包括以下几方面：第一，通过人为的方法对电动机的机械性能进行改变，首先电动机的负荷性能要柔性配合，对电动机的电源频率进行优化，以此来提高系统的整体运行效率，使电动机实现有效节能。第二，在电动机设计过程中，改变电动机内部的机械特性，使抽油机与电动机之间相互协调，共同工作，优化系统的运行质量。第三，在电动机运行过程中提高电动机的功率因数和负荷率，以此对节能工作进行优化。

目前常见的节能电机主要包括变频调速电动机、多功率节能电机、稀土永磁电机、开关磁阻电机等。变频调速电动机主要就是在传统的电动机中加入变频器，能够使电动机的容量大幅度降低，提高了电动机的负荷率，由于变频器的功率因数近似于1，而且能够改变上下冲程的速比，优化抽油系统之间的配合。多功率节能电机在抽油机启动时控制器自动将电机接入大功率，启动后负载变轻、电流下降，控制器将电机接入小功率运行。反之当抽油机负载变重、电机电流上升，控制器则将电机接入到大功率运行，有效地提高了电机负载率。稀土永磁电机采用稀土永久磁铁代替励磁绕组激磁，没有转差损耗、定子电流减小、功率因数高，电机的负载变化和电网电压波动时，不存在速度波动，没有机械转换过程中的损耗，提高了低负载区的电机运行效率，适用于电机功率因数低的抽油机。开关磁阻电机，利用磁阻最小原理，拉动转子旋转运动是定、转子间气隙磁阻的变化产生的结果，类似于磁铁吸引铁质物质。具有启动扭矩大、电流小的特点，适合于带载启动工况。高效区间宽，负载率为20%～100%时，电机运行效率均能保持在80%以上。电机本身效率高，空载损耗小，运行功率因数高。

③ 节能控制装置

节能控制装置包含井组无功补偿装置、油井智能间开装置、井组集中控制节能装置。通过在变压器低压侧安装井组无功功率补偿装置，可有效提高变压器运行效率，提高功率因数，改变电机运行的低电压、大电流高损耗状态，可解决抽油机运行过程中负荷变化导致变压器功率因数降低，变压器、线路损耗过大的问题。油井智能间开装置通过检测电机运行功率间接判断油井供液能力，实现油井智能启停控制，保证抽油设备工作在最佳状态。在不影响油井日产液的情况下，减少了现场操作的工作量，降低了三抽设备的机械磨损，实现节能降耗。井组集中控制节能装置是以油井生产参数为基础，集成应用了共直流母线、无级变频调参、软启动、动态功率因数补偿、动态调功，实现对油井生产参数的优化调整，达到集中控制、综合节能的目的。

（6）碳纤维复合材料连续抽油杆

碳纤维复合材料连续抽油杆是一种新型的油田开采设备，其使用原理主要是利用碳纤维复合材料的优异性能和特点来替代传统的金属抽油杆，以应对高盐、高腐蚀等恶劣工况环境，提高油井的采油效率和降低生产成本。

1.3 发展历程

早期的抽油机主要采用四连杆机械传动方式，存在平衡调节困难、减速机构摩擦损失大、冲程短等问题，导致效率较低，限制了油田的产量和采油效率。随着技术的进步，长冲程抽油机逐渐应用于油田开发中，通过优化设计和材料选用，实现了较长的抽油冲程，提高了单次冲程的采油效率。近年来，随着智能化、自动化技术的发展，超长冲程抽油机得到了进一步改进和应用。它采用先进的控制系统、传感器和执行机构，实现了更长的冲程和更高的采油效率。

早期的抽油机通常是连续运行的，存在能耗高、机械磨损严重等问题，且无法灵活应对油井产量波动。随着油田开发的深入，人们意识到通过合理的控制手段，可以实现抽油机在不停机的情况下，根据油井产量的变化进行间歇性的采油操作，从而提高了采油效率和稳定性。近年来，随着智能化技术的不断发展，智能间抽技术通过实时监测油井产量、自动调整工作参数等手段，实现了更加灵活、智能的间歇采油操作，进一步提高了采油效率。

节能抽油机一直是石油行业节能降耗的热点需求。其发展历程始于改进传统抽油机的设计，包括提高泵的效率、减少摩擦损失和优化泵的材料。20 世纪中叶，随着涡轮膨胀技术的引入，如电潜泵，显著提高了抽油机的性能。后来，随着数字控制和远程监测技术的发展，抽油机的操作和维护变得更加智能化。近年来，抽油机的节能设计和绿色材料的应用也成为发展趋势，以减少能源消耗和对环境的不良影响。

节能电机的发展历程反映了电机技术的进步和制造商为提高能效所作的努力。最初的电机设计较为简单，效率较低。随着时间的推移，电机制造商逐渐改进了电机的设计和材料，提高了电机的效率。此外，高效电机的标准化和认证，如 ENERGYSTAR，鼓励制造商生产更节能的电机。同时，变频调速技术的广泛应用使电机能够根据负载需求自动调整输出，进一步提高了能源利用效率。未来，随着电机的智能化和数字化发展，节能电机将变得更加智能和高效。

节能控制装置的发展历程反映了自动化和数字化技术在工业控制领域的发展。最初，控制装置通常依赖于机械开关和电气元件，效率有限。然而，随着电子技术的迅速发展，可编程逻辑控制器(PLC)和数字控制系统的出现，革命性地改善了工业控制的效率和灵活性。PLC 可以用于自动化和监控各种过程，包括抽油机和电机的控制。而现代节能控制装置则更加注重能源效率，可以实现智能节能调度，通过优化运行参数来减少能源消耗。未来，物联网(IoT)技术的应用将使控制装置更加智能，实现实时监测和自动调整，以实现最大的节能潜力。

1.4 结论与建议

（1）调研结论

通过调研分析，传统的采油技术并不能满足现阶段的石油产业的需求，因此必须进一步增强新型采油技术的研发和应用，不断提升采油效率，最大限度将开采期间的浪费量减小。同时，优化和改造抽油产品、使用节能产品是目前油田发展趋势。除此之外，在采油工程中，必须注重对环境的保护，有效使用新型采油技术，加大清洁能源与采油技术的融合可以有效降低开采作业对周围环境的不利影响，促进石油产业能够持续进步。

（2）推广建议

通过分析目前的采油技术，结合塔里木油田的条件与现有技术的发展情况，预计超长冲程抽油机、智能间抽等高效抽油技术将继续得到推广和应用。此外，在可再生能源与传统采油融合方面的投入也将增加。塔里木油田拥有丰富的太阳能、风能等清洁能源，因此在研究新能源与智能化采油技术有机结合方面具有很大优势。除此之外，利用大数据分析、人工智能等技术手段实现对机采系统的智能化管理和优化决策也将成为重要发展方向。

除抽油机外，电泵、螺杆泵和水力泵等采油工艺也有着广泛应用。电泵通过采用高效永磁电机与变频调速技术实现能耗动态优化，在常规油井及地热开发中可将系统效率提升至70%以上，尤其适合大排量工况；螺杆泵凭借金属定子与空心转子设计突破耐温极限(200℃)，结合低剪切输送特性显著降低稠油开采的预处理能耗，其优化的密封腔结构在含砂油井中减少一定的摩擦损耗；水力泵则利用闭式动力液循环系统实现无杆举升，通过纳米涂层流道与多级喷射结构降低含气介质输送能耗，在水平井中较传统设备节能20%~30%。三类泵型均通过智能化调节(如物联网远程控制)与材料创新(耐蚀合金、陶瓷涂层)协同推进机采系统的低碳化发展。

■ 2 集输系统

集输系统是油气田生产中将油井产出的原油、天然气、水及其他混合物进行收集、处理、储存和运输的综合性工程体系，覆盖从井口到外输站的全流程。其核心功能包括多相流体的高效汇集、油气水分离净化、杂质处理及合格产品的安全输送，旨在保障生产连续性、提升资源利用率并满足环保要求。系统主要由井场管网、计量站、分离装置(如三相分离器)、脱水设备、储罐、增压泵站及外输管线等组成，通过压力控制、温度调节和化学处理实现流体稳定输送。陆上集输系统常采用枝状或环状管网布局，海上则依托平台集群与海底管道集成；针对高含水、稠油或高含硫等复杂油藏，需配置加热、掺稀、脱硫等工艺。近年来，智能化与数字化技术(如SCADA监控、大数据分析)的引入大幅提升了系统运行效率与安全性，同时节能技术(余热回收、密闭输送)的应用降低了能耗与碳排放。集输系统设计需兼顾地质条件、产能规模及环保标准，是油气田高效开发与绿色生产的关键支撑。

集输系统的典型流程可概括为四环节：

采集与汇集：油井产出的油气水混合物经井口管网汇集至计量站，通过加热或掺稀工艺降低高黏原油流动阻力，并实时监测单井产量。

分离与净化：混合流体进入三相分离器实现气液初步分离；原油经电脱水或化学处理将含水率降至0.5%以下，天然气通过脱硫、脱水装置净化，采出水经沉降过滤后回注地层。

储存与增压：合格原油暂存于储罐(陆上)或压力容器(海上)，天然气由压缩机增压至外输压力(2~10MPa)，采出水精细处理确保回注环保达标。

密闭外输与调控：原油经泵站输送至炼厂，天然气通过高压管线外输，全程采用SCADA系统监控运行参数，集成余热回收、变频调速等技术降低能耗。针对高含硫、高砂等复杂工况，增设脱硫塔、旋流除砂设备，并通过数字化模型优化管网布局，实现高效、安全、低排放的集输闭环管理。

2.1 技术简介

(1) 余热回收技术

余热回收技术的应用是指在系统运行过程中，采用该技术回收工艺物流产生的余热，将回收的余热供给其他需要热能的环节。在应用余热回收技术时，必须充分利用工具和设备产生的热量，以减少热能的大量消耗，实现生产过程中节能降耗的目标。现有的余热回收技术主要包含热泵技术、蒸汽喷射技术、热管技术、余热发电技术。

① 热泵技术

热泵技术是一种利用逆卡诺循环原理，通过输入动能、热能等形式的能量，将低温热源中的热能提升到高温热源中以实现热能供应和控制温度的技术。热泵系统通常由压缩机、蒸发器、冷凝器和膨胀阀等部件组成，通过改变工质的物理状态，将低温热能转移到高温热源中，以达到供暖、供热或制冷的目的。热泵的供热量远远大于它所消耗的机械能，是一种低温余热利用的节能技术。

② 蒸汽喷射技术

蒸汽喷射技术是一种利用高速蒸汽流体的动能实现流体输送或增压的高效装置。其核心原理基于伯努利方程与引射效应：高压蒸汽通过收缩-扩张型喷嘴（拉瓦尔喷嘴）加速至超音速（可达 1000m/s 以上），在喷嘴出口形成低压区，从而引射并卷吸周围低压气体或液体；混合流体随后进入扩散段，动能转化为压力能，实现增压或真空抽吸。该技术无需机械传动部件，结构简单、可靠性高，可广泛应用于石油开采。

③ 热管技术

热管是一种相变传热元件，热管的导热效率可达金属的数百倍，且无需外部动力。将热管与工业余热管道连接可以使得传热温差降低，使得废热可利用深度增加，更高效地实现能源回收。

热管由壳体与工作介质组成。本体是一根带有少量工作介质和毛细管的封闭金属管，而热管通常包括管壳和工作流体。该管壳为钢制、抽真空的密闭管壳；工质是一种符合壳体相容性的流体。壳体是一种具有负压的容器，它能降低工作液的沸点，工作液在释放潜热的同时通过蒸发吸收热量在冷凝段凝结。高温气体从下半部分流入热管，从左侧进入热管换热部分，在热管中，当高温气体流经热管时，热管中的介质会将热量传递至热管上部，而热管底部的介质会吸收热量，高温气体流经热管后，其温度会降低。当冷凝段遇冷时，气态工质会释放出相变潜热，再凝结成液态，在重力作用下再回到热管的汽化部分。烟道中设置有热管，其放热端通过热导管来吸收烟气中的热量，使烟气温度下降，同时放出热量对循环水进行加热。

热管种类繁多，按照工作温度区分，可分为低温热管、常温热管、中温热管和高温热管。一般将工作温度在 450℃以上的热管称为高温热管。高温热管的工质通常是钠、钾、锂等碱金属，因此高温热管也常常称为碱金属热管。

④ 余热发电技术

余热发电技术包括高温余热蒸汽透平、中低温余热的有机朗肯循环、热电偶发电等路径，是利用烧结环冷机生产过程中产生的高温烟气进行余热回收，通过锅炉系统产生蒸汽，再由汽轮机进行发电，发电可应用于企业内部生产。

(2) 加热炉节能技术

在使用油气集输系统进行石油生产时，使用加热炉能够混合和加热油水井，然而加热炉在运行中需要消耗大量的能量，是油气集输系统中能量消耗最多的设备之一，为此，降低加热炉的能耗，对于提高油气集输系统的节能降耗效果有着重要作用。加热炉节能技术主要包括高效燃烧技术、高效强化传热技术、富氧燃烧技术、烟气余热回收等。

① 高效燃烧技术

高效燃烧技术通过优化燃烧条件与传热机制，实现能源高效利用与污染物协同控制，主要包含以下两类核心技术：a. 低温催化燃烧技术，该技术利用催化剂降低有机物氧化反应活化能，使燃烧温度由传统800℃以上降至200~450℃。b. 多孔介质燃烧技术(PMC)，基于多孔材料(如氧化铝、碳化硅蜂窝体)的传热强化特性，实现“超绝热燃烧”。多孔介质燃烧技术的热量循环机制为燃烧产生的热量通过多孔介质辐射与导热预热未燃气体，使火焰温度超过绝热极限，提升燃烧效率。

② 高效强化传热技术

a. 真空相变加热技术基于热媒水在负压环境下的相变循环实现高效传热。系统由密封炉体、换热盘管及真空室构成，炉内热媒水在真空条件下(压力低于大气压)沸点显著降低(如30~70℃即可沸腾)。燃料燃烧释放的热量通过辐射/对流受热面(如火筒、烟管)加热热媒水，使其汽化为低温蒸汽，蒸汽上升至换热器外壁冷凝放热，将潜热传递给盘管内工质(如水或原油)，冷凝水回流至液相空间循环汽化。汽-液相变过程的潜热传递效率是显热传导的5~10倍，热效率可达95%以上。b. 烟气扰流技术通过改变烟气流向与流速，延长其在换热区域的停留时间并增强湍流效应，从而提升气-固传热效率。利用烟气扰流技术可实现余热深度回收，烟气出口温度可降至100℃以下，余热利用率提升20%~40%，同时降低排烟热损失的同时减少粉尘与NO_x排放。

③ 富氧燃烧技术

富氧燃烧技术原理是对助燃空气进行预处理，提高氧含量，对应的降低了氮气比例，以此实现烟气减排。另外，在富氧条件下，火焰黑度增加，有利于辐射段传热，燃烧更充分，有利于减少烟气中的一氧化碳、不充分燃烧的烃类等。在油气净化场站，站用氮气装置的废气就是天然的富氧空气，可以直接利用。

④ 烟气余热回收

烟气余热回收，主要渠道是就地利用，方法是利用烟气提升进入加热炉的空气温度，以回收烟气余热。

（3）无功补偿技术

无功补偿技术是一种在供电系统中起提高电网功率因数，降低供电变压器及输送线路的损耗，提高供电效率，改善供电环境的技术。所以无功功率补偿装置在电力供电系统中处在一个不可缺少的位置。合理的选择补偿装置，可以最大限度地减少电网的损耗，提高电网质量。反之，如选择或使用不当，可能造成供电系统电压波动、谐波增大等诸多问题。

无功补偿可分为用电设备端无功补偿和系统无功补偿。

用电设备端无功补偿直接针对电动机、变压器等终端用电设备进行补偿，通过并联电容器或动态装置（如SVG）就近抵消设备运行时产生的感性无功功率，其目标为降低设备自身及供电线路的无功损耗，减少视在功率需求，提升单机运行效率。

系统无功补偿在变电所母线、输电线路或电网枢纽节点集中配置补偿装置（如SVC、集中式电容器组），调节全网无功平衡，其目标为维持电网电压稳定，减少长距离输电的无功流动，提高系统整体功率因数和供电可靠性。

（4）集输工艺技术

① 油气混输技术

油气混输是一种在同一管道中将液态石油产品（如原油或石油产品）和天然气一起输送的系统。这种方式可以提高管道的资源利用率和降低运输成本。油气混输通常用于油气田开采、油气生产、输油管道和集气系统中，以便将产出的油气混合物一起输送到处理厂或分配站，然后分离成独立的油和气。但这种方式需要特殊设计和安全措施来确保混输过程的安全和稳定。

② 常温集输技术

常温集输是指在输送过程中将原油等油品保持在常温状态，不加热或降温，将其从生产现场输送到处理厂或终端站的输油管道系统。这种输送方式不需要对原油进行加热或冷却，而是将原油保持在自然环境温度条件下进行输送。常温集输通常适用于温度适中的气候环境或对能源消耗有限的情况，从而减少输送过程中的能源消耗和操作成本。

在常温中控制结蜡的措施主要有化学清蜡，机械清蜡和热力清蜡等。化学清蜡是使用防蜡剂或分散剂抑制蜡晶形成，机械清蜡指采用清管器物理刮蜡，热力清蜡则是通过加热降低原油黏度。三种技术成本有较大差别，化学清蜡技术的药剂成本约0.8~1.5元/吨原油，需定期加注(每季度1~2次)，如规模化采购可降低单价10%~20%。机械清蜡单次作业成本约5000~8000元(含设备折旧与人工)，年维护费用约3万~5万元，模块化设备设计可减少运维成本15%~30%。热力清蜡技术电加热设备能耗成本约1.2~2.0元/吨原油，若采用余热回收技术可节能30%以上。具体应用中，为节约成本，通常会对工艺进行优化，如集成"化学+机械"复合清蜡技术，综合成本较单一方案更低，通过集中采购、工艺标准化及设备智能化改造，成本可进一步压缩。

2.2 技术原理

(1) 余热回收技术

① 热泵技术

热泵技术是基于热力学和热传递原理开发的，首先，在蒸发器中，压缩机将制冷剂(也称为工质)吸入并将其压缩，从而使其温度和压力升高。通过这种增加压力的方式，使制冷剂的温度高于低温的热源(例如空气或地下水)，从而能够从外界吸收热量。其次，压缩机将蒸发器中的制冷剂压缩，使其成为高温高压的气体，这个过程需要消耗一定的能量。再次，高温高压的制冷剂进入冷凝器中，在此过程中，制冷剂放出热量，并且通过传热与外界的热源(例如供热系统中的水)进行热交换，使制冷剂冷却，并转化为液体状态。最后，压缩后的制冷剂通过膨胀阀，压力和温度迅速降低，这个过程使制冷剂再次进入蒸发器，准备进行下一次循环。热泵技术的原理如图2-13所示。

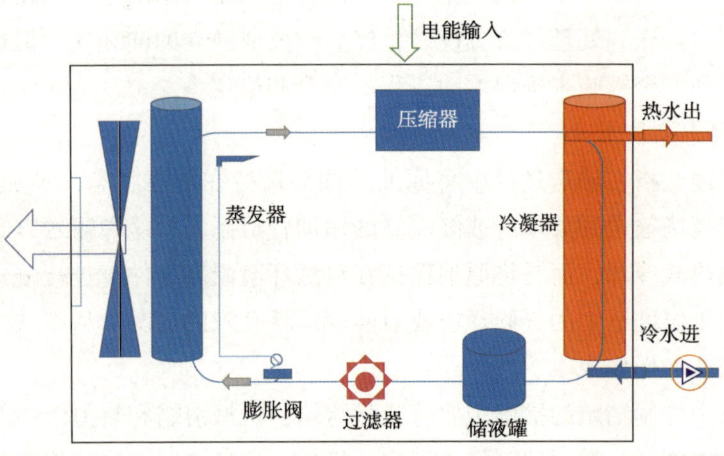

图2-13 热泵技术的原理

② 蒸汽喷射技术

蒸汽喷射技术主要通过蒸汽喷射式热泵来实现。蒸汽喷射式热泵是一种没有运转部件的热力压缩机，它利用高压工作蒸汽减压前后的能量差为动力，提高冷凝水二次蒸汽或废热蒸汽等低品位蒸汽的压力后再供生产使用，是一种自身不直接消耗机械能和电能的高效节能设备。蒸汽喷射泵构造主要由拉伐尔喷嘴、接受室、混合室和扩压室四部分组成，蒸汽喷射式热泵的结构如图 2-14 所示。

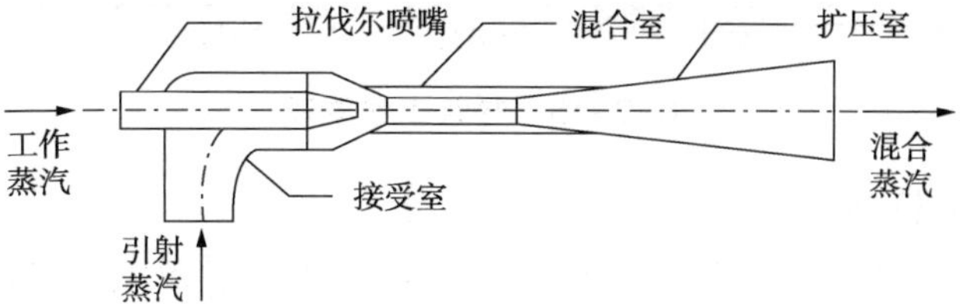

图 2-14　蒸汽喷射式热泵的结构

如图 2-14 所示，高压蒸汽经压力管路引入喷射泵中，蒸汽经过喷嘴后速度大大增加，高压驱动蒸汽就会在喷嘴处膨胀，并以极高的速度射入接受室，从而产生强大的抽吸力，高速蒸汽将喷嘴附近的空气带走，在喷嘴附近形成真空，被抽送低压蒸汽就被吸上来，两种流体在混合室进口汇合，共同进入混合室中。在混合室中高压蒸汽把一部分能量传给被抽送低压蒸汽使被抽送蒸汽能量增加，两种流体在混合室混合后进入扩散管中，一部分速度能转变为压力能，充分混合后的流体以一定的中压从扩压室的末端喷射出去，利用高压蒸汽将冷凝水系统形成一个负压区，使得冷凝水闪蒸为低压蒸汽。高、低压蒸汽在满足质量守恒、能量守恒和动量守恒以后，混合变为中压蒸汽来进行冷凝水的余热回收。

③ 热管技术

热管是一种利用相变原理进行高效热量传递的装置，工作原理如图 2-15 所示。

当有热源加在热管的蒸发段上时，蒸发段内的液态工质吸收热量后温度不断升高，升高到相变点后发生相变，变成蒸气运行到冷凝段放出热量后冷凝为液态工质，冷凝段内的液态工质在毛细芯产生的毛细驱动力的作用下回流到蒸发段，开始新的循环，如此不断循环，从而高效地将热量从蒸发段传递到冷凝段。热管是人们目前所知道的最高效的传热元件，通常被誉为导热的“超导体”。热管在航天器热控制和电子设备散热等诸多领域有着重要的应用。

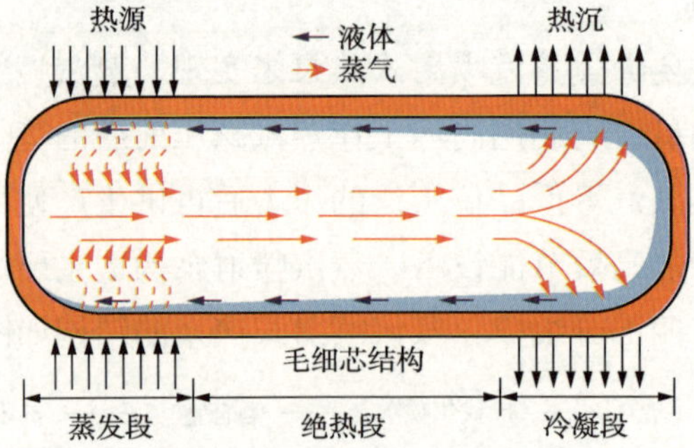

图 2-15 热管工作原理

④ 余热发电技术

余热发电是基于热力学原理，将一些工厂或生产过程中产生的废热通过特殊设备转化为电能，进而实现资源利用最大化的目的。这种技术不仅可以帮助企业节约能源，减少能源损失，也可以减少环境污染和节约成本。

余热发电技术主要包括以下两类核心技术：a. 蒸汽透平发电技术，其技术原理为余热通过锅炉或换热器加热水生成中温中压或高温高压蒸汽，随后蒸汽进入透平机（汽轮机）推动叶片膨胀做功，带动发电机转子旋转发电，做功后的低压蒸汽经冷凝器冷却为液态水，由水泵加压返回锅炉完成循环。蒸汽透平发电技术适用于大规模余热回收，发电效率可达 20%~30%，且该技术设备标准化程度高，在能源行业有广泛应用。b. 有机朗肯循环（ORC）发电技术专为 90~150℃ 低温余热设计，采用低沸点有机工质（如戊烷、氟利昂）替代水蒸气。其技术原理为余热在蒸发器中加热有机工质生成高压蒸汽，蒸汽驱动螺杆或涡轮膨胀机做功发电，随后进入冷凝器冷却为液态，液态工质经泵加压后返回蒸发器循环利用。由于有机朗肯循环发电技术工质沸点低、密度高，因此该技术具有适应低温和设备紧凑等优点，可在小温差下高效发电。有机朗肯循环发电技术采用闭式循环无工质损耗，运行压力接近常压，泄漏风险低，安全环保系数更高。

（2）加热炉节能技术

① 富氧燃烧技术

空气中 3/4 以上的氮气并不起助燃作用，反而会导致天然气因氧气不足变成燃烧废气排出。这既影响了能源的利用率，也为后期废气处理增加了很大的负担。烟气排放的热量中，由 N_2 携带而损失的热量占全部热量的 68% 左右，占排烟热损失的三分之二以上。富氧燃烧是指用氧含量超过 21% 的富氧空气作为助燃气体的燃烧方式。富氧燃烧节能技术中制造富氧空气是关键。富氧空气的制造方法通常有深冷法、膜法富氧、分子筛变压吸附、磁法富氧等技术。

a. 深冷法：深冷法适于制造纯氧(纯氮)，其造价及运行费用相对较高，暂时未在炼油加热炉的富氧燃烧工艺中被采用。b. 膜法：膜分离制氧设备是利用具有特殊选择分离性的高分子聚合纤维材料作为分离元件，在一定驱动力作用下，使双元或多元组分因透过膜的速率不同而达到分离或特定组分富集的目的。膜法富氧是市场主流的富氧方式，膜法富氧主要核心部件是富氧膜。膜法富氧设备主要是由空气过滤装置、鼓风机、富氧膜、真空泵、水气过滤装置、平衡装置、预热循环装置等构成。c. 变压吸附法：分子筛变压吸附是利用氧气和氮气通过分子筛速率不同的原理，在低压和常压状态下通过变压技术提取空气中的氧气，其在中小规模且用氧浓度要求不高的场合具有明显的优势，并逐步成为中小型空分制氧的主要方法。比之于低温法，变压吸附法具有流程简单、设备制造容易、操作和维修方便、占地面积小、投资少、启动快、可以随时停机等特点，近年来有装置量逐年增长、能耗逐年下降，并向大型化发展的趋势。在实际应用中主要是需要解决吸附剂(分子筛)中毒的问题。d. 磁法：磁法富氧节能技术是一项最新的富氧空气制造技术。其理论于 20 世纪 80 年代提出，技术于 90 年代处于实验室阶段。目前磁法富氧已经处于市场推广应用阶段。磁法富氧的原理是利用氧分子和氮分子不同的顺磁性和逆磁性，使得两种气体分子经过高磁磁场发生不同方向的偏转，高磁磁场对于进入磁场的空气成分自然会发生引力作用，氮气和氧气会形成不同的气体组团，从而产生不同的富氮空气和富氧空气。它的优点是应用范围广、使用年限长，本身耗能低、富氧空气造价低。

当然，富氧燃烧技术的应用带来的最直接的影响是火焰温度有所上升，这对燃烧器的选型和抗高温性能都提出了新的要求。但可从以下几方面进行控制：a. 通过调节纯氧和助燃空气比例，控制含氧量，保持助燃空气中含氧量的稳定性以稳定火焰温度。采用有效的氧气控制系统(在氧气供应管上装压力表、流量计、比例调节阀、自动切断阀等仪表)，根据炉温要求直接控制供氧量，同时富氧量需设定一个上限，超上限自动切断并声光报警。b. 加强对炉温的控制，根据加热制度严格控制炉温上限，必要时调整富氧率。c. 在富氧燃烧试验完成后，可进一步改造燃烧器，使之成为富氧燃烧器，有效地控制火焰温度。

② 高效燃烧技术

燃烧法油气处理工艺是将储运过程中产生的含烃气体采用直接燃烧、蓄热氧化燃烧或催化氧化燃烧等方法，将其中绝大部分有机气体分解成二氧化碳和水排入大气中，减少环境污染的方法。因当前环保法规对VOCs废气排放管控力度越来越大，排放指标也越来越严格，传统的冷凝吸附、膜分离等工艺难以实现达标排放，等离子等工艺又存在安全性隐患，燃烧法是目前使用的较为广泛且达标性相对较稳定的一种控制油气排放的处理措施，但无论是直接燃烧(TO)工艺、蓄热氧化燃烧(RTO)工艺还是催化氧化燃烧(RCO)工艺，油气中可燃物的含量都有较为严格的限制，一般需严格控制进入焚烧装置的废气浓度不高于5g/m^3。有时，在应用上受到不同环境或场地等条件限制，造成设备无法正常运行或达标稳定性无法保证，同时，以上几种燃烧技术气体中可燃物质的去除率仅为95%~98%，对于排放要求严格的地区，采用单一燃烧手段无法达到排放要求。与以上燃烧处理方法不同的是一种新型高效燃烧技术，采用的是表面燃烧的处理工艺，对可燃物处理效率可达到99.9%以上，可燃物浓度适应性强，用于油气处理时，既可以采用(冷凝工艺VDC、吸收工艺VAU)+高效燃烧HCS处理工艺，也可单独使用高效燃烧HCS处理工艺。高效燃烧装置占地面积小、处理效率高，火焰温度高于1000℃，燃烧后产生二次污染较少，一氧化碳和氮氧化物排放少，能耗少，尤其是在有机废气浓度较高时，不需要外部提供燃烧，极大地减少了资源浪费。

③ 热辐射涂料技术

随着全球经济的快速发展，能源消耗量增长所导致的全球能源短缺已经成为亟待解决的问题。我国资源种类虽然较为丰富，但是数量总体说来稍显匮乏。在工业领域中，加热工件时通常使用热传导或热对流，这两种方式会消耗大量的电力和燃料，而借助热辐射进行红外加热则是一种高效经济的方法，拥有着有效降低能量损耗，提升加热效率以及使得被加热物能够被均匀加热等优点，能够响应近年来国家低碳节能的号召。由于工业炉内的环境温度极高(>1200℃)，所以将有助于提升壁面发射率的热辐射涂料涂覆于工业炉的内壁壁面是一种适用范围极广，性价比较高以及施工过程较为方便的方法，而用于红外加热的热辐射涂料需要能够在极高的环境温度中维持稳定与长久工作的能力，同时在长时间的工作使用过程中，涂层本身的各项性能要保证并不会发生明显的衰退。当前我国工业炉数量多，但是整体的能源利用率并不高，对本就匮乏的资源造成较大程度的浪费，而将热辐射涂料涂覆于工业炉内壁，可有效的降低能源的损失，有较为重要的环保作用。

（3）无功补偿技术

无功补偿技术的原理是通过引入电容器和电感器等无功功率补偿装置，来解决电力系统中的功率因数问题。电力系统中的功率因数是指有用功与视在功率之间的比率，而视在功率包括有用功和无用功。当电力系统中存在大量的电感负载，如电动机和变压器时，它们会引发无用功，导致功率因数降低。低功率因数会造成能源浪费、电能传输效率下降，且需要更多电能以满足相同的有用功需求。

为解决这一问题，无功补偿技术引入电容器和电感器，这些设备能够产生或吸收无用功，以调整电力系统的功率因数。电容器能够存储电荷并在需要时释放，以提供无用功；而电感器则能吸收电流并将其存储为磁能，然后在需要时释放电流以消耗无用功。这些无用功补偿设备需要配备控制系统，以监测功率因数并自动调整补偿设备的操作。通过这一技术，电力系统的功率因数得以提高，能源损耗减少，电力传输效率提高，运行成本减少，并且能够提供更稳定的电能质量，从而满足工业和商业需求，降低电力系统的负担。

无功补偿可分为用电设备端无功补偿和系统无功补偿。用电设备端无功补偿直接针对电动机、变压器等终端用电设备进行补偿，通过并联电容器或动态装置（如 SVG）就近抵消设备运行时产生的感性无功功率，其目标为降低设备自身及供电线路的无功损耗，减少视在功率需求，提升单机运行效率。系统无功补偿在变电所母线、输电线路或电网枢纽节点集中配置补偿装置（如 SVC、集中式电容器组），调节全网无功平衡，其目标为维持电网电压稳定，减少长距离输电的无功流动，提高系统整体功率因数和供电可靠性。

（4）集输工艺技术

① 油气混输技术

在石油开采过程中，油井生产往往伴随着一定量的天然气、水和固体颗粒。为了降低井口回压、增加原油产量、提高开发效益以及达到油气密闭输送的目的，必须用油气多相混输泵对油气等多相混合介质增压输送。这要求能够精确控制混合比例、压力和温度，以确保混合物的稳定性，防止相分离。适当的压力和温度维持有助于保持天然气在液态石油中的溶解度，减少气体分离风险。末端设备用于分离混合物并将其分解为独立的液态石油和天然气组分，以便后续处理。这一技术的成功依赖于精密的工程控制和维护，以确保安全、高效地输送不同的物质。

② 常温集输技术

常温集输技术原理是在输送过程中，将原油等油品保持在自然环境下的常温状态，避免加热或冷却，从生产现场输送到处理厂或终端站。这一技术的核心原理在于采用绝热管道和设备，以减少能源消耗，保持油品在其自然温度下的流动性，从而降低输送过程中的能源成本和操作复杂性。

③ 油气密闭输送技术

引进离心式双腔混输泵，实现油气密闭混输。针对建设接转站(包括分离器、加热炉、混输泵、输油管线、天然气管线等)投资费用高的问题，引进离心式双腔混输泵，重新设计扩展排量500~14000m^3/d，智能变频控制，实现了接转站降级密闭混输。针对有掺水、就地分水回注的站库，采用高效分离橇、一体化水处理、模块化阀组等，完善天然气流程，实现了油气就地分离和天然气的进系统生产。开发新技术，应用全重力平衡油气水处理一体化装置，该装置结构图如图2-16所示。

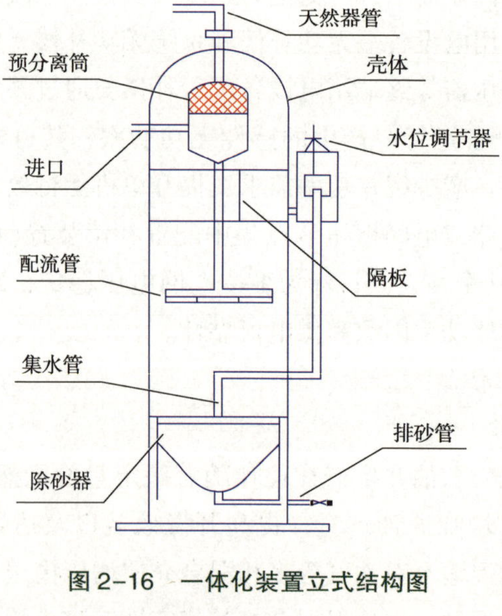

图2-16 一体化装置立式结构图

全重力平衡油气水处理一体化装置(简称一体化装置)具备油气水集成处理功能，可实现短流程、全密闭、橇装化、智能化。集分离、加热、沉降、脱水、净水五大功能为一体，实现不同应用场景的功能组合。

2.3 发展历程

(1) 余热回收技术

余热回收的最早应用可以追溯到19世纪末和20世纪初。当时，余热回收主要用于改善工业过程，如蒸汽引擎和燃烧设备。工程师和发明家开始探索如何将废热转化为有用的热能，以提高系统的效率。第二次世界大战后，随着全球经济重建，余热回收技术得到了更广泛的应用。这一时期的重点是改进工业生产和供暖系统，以减少能源浪费。余热回收系统的设计和性能也有了显著的改进。

20世纪70年代，世界范围内发生了多次能源危机，这引发了对能源效率的关注。在这一时期，许多工业和能源部门开始广泛采用余热回收技术，以减少能源成本。此后，余热回收技术成为减少能源消耗的重要手段。随着计算机技术和自动化控制的发展，余热回收系统的监测和控制变得更加精细化。高级传感器和智能控制系统的引入使得能够更准确地捕获废热、实时调整系统性能，以最大程度地提高能源利用效率。

近年来，可再生能源和余热回收的整合成为一种趋势。余热回收系统被用于提高可再生能源系统的效率，例如，使用太阳能热水系统中的余热来提供额外的热水或采用余热来改善地源热泵系统的性能。

(2) 加热炉节能技术

加热炉节能技术的发展历程可以追溯到工业革命时期，在近年取得了显著的进展。20世纪初，工业生产的增长使人们开始意识到能源浪费和环境污染的问题。于是，一些初步的节能技术开始应用于加热炉，包括改进的绝缘材料和更高效的燃烧技术。随着科技的进步，自动控制系统和传感器技术的应用进一步提高了加热炉的能源效率。

在20世纪末，可再生能源和清洁技术的兴起进一步推动了加热炉的节能技术发展。一些加热炉开始采用太阳能和生物质能等可再生能源，来替代传统的化石燃料。近年来，随着对气候变化和环境保护的关注不断增加，政府和行业制定更为严格的能效标准和环保法规。这促使更多先进的加热炉技术得到研发和应用，包括高效的燃烧系统、智能化的控制系统和废热回收技术等。这些先进技术不仅提高了加热炉的能效，还有助于降低碳排放和改善环境质量。

目前，加热炉节能技术的发展仍在不断进行。越来越多的加热炉采用电子控制、高效燃料、废热利用等技术，以提高效率、降低能源成本和减少碳排放。未来，预计会出现更多创新，如智能化加热炉系统、绿色能源整合和更高效的热回收技术，以满足不断增长的能源需求和环保要求。

（3）无功补偿技术

在早期电力系统中，无功功率通常被视为“浪费”，因为它不直接执行有用的功。这导致了电力系统的低功率因数，造成了电压不稳定和损耗增加的问题。在20世纪初，为了解决电力系统中的功率因数问题，人们开始使用静态电容器和电感器来补偿无功功率。这些设备能够提高电力系统的功率因数，减少无功功率的流动。20世纪中叶，电力电子技术的发展推动了无功补偿技术的进一步发展。可控电子器件的引入使得能够更精确地调整无功功率的补偿，提高了系统的控制性能。

随着计算机技术的进步，自动化控制系统得到广泛应用，使得能够实时监测电力系统的状态，动态调整无功补偿设备的性能，以应对电力系统的变化，提高稳定性。HVDC技术的兴起改变了电力输送的方式。在HVDC系统中，无功功率的补偿变得更为重要，以确保电压稳定和线路的可靠运行。随着分布式能源(如太阳能和风能)的普及，无功功率补偿技术被用于改善这些系统的功率因数，以确保它们能够安全地接入主电网。

近年来，智能电网的发展引入了先进的通信和控制技术，使得电力系统能够更灵活地管理无功功率。智能电网也鼓励了电力系统中的动态无功功率补偿技术的应用。

（4）集输工艺技术

油气混输泵兼具泵和压缩机两方面的性能，将油、气、水多相流体加压后直接输送到集中处理站，起到转油站的作用，是油气混输技术的关键。研究认为混输泵的应用可以降低井口回压，提高油井产量，提高油气采收率及经济效益。早在上世纪80年代，法国和挪威石油公司就已经合作研发出“海神”系列螺旋轴流式多相混输泵，应用于油田试验时获得了良好的实际效果。

我国油气混输技术研究目前主要集中在油气混输泵、油气混输管路流动规律和油气混输附加设备三方面。油气混输泵内部特性指标方面研究少且停留于模拟研究状态，外部宏观特性指标停留于单因素定性分析状态，难以为油气混输泵的发展提供足够的理论基础。油气混输管路流动规律研究还没有经实践检验的精度较高的计算公式和统一公认的模型。附加设备的投入使油气混输系统相对复杂，投资加大。为促进油气混输技术发展，建议加大各方面研究力度。

针对常温集输技术，长庆油田对该项技术应用较早，其油气集输工艺经历了从单管常温输送工艺阶段到原油热处理输送工艺阶段等不同阶段的发展，在发展历程中，长庆油田不断改进油气集输工艺，在一定程度上促进了我国油田行业的发展。

2.4 结论与建议

2.4.1 调研结论

(1) 余热回收技术

① 热泵技术

热泵的使用会使原油或者柴油消耗量大幅度降低，而且可以充分利用平台发电机废热和空气低效热能，不仅降低了生产成本，而且在定量的碳配额情况下，平台生产产量可以进一步提高。热泵与直接使用电加热相比是一种高度节能装置，但是热泵需要不断运行，会消耗一部分电能。

热泵技术可以高效利用余热，并且可以替代集输过程中的低温位加热炉，目前主流的高温热泵采用压缩式热泵+蒸汽压缩方案，可以替代部分高温用热。

② 蒸汽喷射技术

蒸汽喷射热泵系统设备投资少，工艺过程简单，通过自动控制调节高压蒸汽流量可以实现不同蒸汽压力需求，常用于化工过程中的冷凝水热量回收，节能效益明显，应用非常广阔。但也需要匹配相应的热力系统或者蒸汽设备，同时对系统的密封性要求较高，在实际使用中还可能产生较高的噪声，需要注意采取降噪的措施。

该技术在某油田硫磺回收装置已经在用，可以进一步推广；另外在气田，射流技术可以耦合不同压力的气源，可以利用需要降压的高压气作为驱动能源，实现流程后端的闪蒸气增压进入前端、低压井的气增压进站。

③ 热管技术

热管技术，发展迅速，应用范围日益广泛，在一些特殊工作条件下已逐渐取代传统的换热元件，但作为一项新的换热技术，热管仍有许多不足之处。目前大规模的理论研究已经逐渐趋于平淡，而对于热管应用技术新领域的探索和新型热管产品的开发研究则日益增多，新的应用也不断出现。目前采用适当的数学模型已经可以较好地预测热管换热器在一定工作条件下冷、热流体的温度分布，为今后热管换热器进一步的理论研究和工程应用提供了参考依据。

④ 余热发电技术

余热发电是一项利于环保、利于企业节能的项目，在国内的很多钢铁厂、水泥厂都得到了应用。根据近年的运行和使用情况来看，余热发电技术是不断进步的，技术关键点是整个过程的热量要能被充分利用，降低漏风，提高运行水平，最大化利用余热。

(2) 加热炉节能技术

影响加热炉热效率的因素包括过剩空气系数、不完全燃烧、排烟温度等，燃料在加热炉燃烧后所放出的热量除一部分被炉管内介质吸收外，剩余的均被以烟道烟气带走、炉体散热以及不完全燃烧等方式损失，该热量损失也是导致加热炉热效率低的主要因素。其中，烟气排放损失占热损失总量的50%以上。空气预热器、强化辐射管传热以及高效燃烧器技术是降低加热炉能耗的3种主要途径，未来可以从降低排烟温度、强化炉内传热、提高燃烧效率等方面降低加热炉热损失。

① 热交换器技术

热交换器是保证工业生产正常运行不可缺少的部件，同时也是开发利用二次能源以实现余热回收和节能增效的主要设备。其应用范围广泛，可以提高能源利用效率，减少能源消耗和环境污染。未来热交换器的发展方向主要包括减小体积和重量并降低能源消耗等。

② 加热炉替代技术

结合站场热负荷、采出水量、伴生气产量等因素，常用加热炉替代包含压缩式水源热泵、吸收式水源热泵、空气源热泵、光热加热炉、新型电磁加热器等。其中空气源热泵和水源热泵是油田加热炉替代的有效途径。

(3) 无功补偿技术

无功补偿技术的运用，能够缩短投切时间、提升补偿精度、提高电力系统装备运行性能和维护性能，从而实现电力系统节能的经济性能。对发生、补偿和控制等装置进行提升，能够促进无功补偿系统更进一步的发展。

(4) 集输工艺

① 油气混输技术

油气混输技术是一种用于在同一管道中同时输送液态石油产品(如原油)和

天然气的复杂输送系统的技术。尽管油气混输技术可以降低管道建设和维护成本，提高资源利用效率，但也面临分离和处理的复杂性以及适用范围有限等挑战。

② 常温集输技术

常温集输技术是一种用于输送原油和其他油品的方法，它的特点是在输送过程中将原油保持在自然环境下的常温状态，不需要额外的加热或冷却。这种技术适用于多种油品类型，同时也需要应对气体析出、特定油品限制等挑战。

③ 集输管网优化技术

集输管网优化集输是通过科学方法提升油气输送效率、降低运营成本的关键手段。其核心在于利用数学建模、智能算法和大数据分析，对管网的布局设计、运行参数及设备配置进行系统性优化。在运行优化中，依托实时监测数据与机器学习技术，动态调整泵站压力、流量及温度等参数，实现能耗最小化与输量最大化。该技术可降低10%~30%的运营成本，提升15%以上的输送效率，是石油行业智能化转型的重要支撑。集输管网优化主要包括节点优化、管径优化。

节点优化技术通过智能算法（如遗传算法、粒子群优化）和多目标建模，优化集输管网中关键节点（泵站、中转站等）的布局与运行参数，动态调整压力、流量分配及设施启停策略，在降低能耗与投资的同时兼顾安全环保需求，可减少冗余管道长度15%~30%，并提升整体输送效率10%~20%，是管网经济高效运行的核心手段。

管径优化技术通过水力模型（如达西公式、海曾-威廉方程）和经济性分析，结合流量需求与压力限制，选择使全生命周期成本最低的管道尺寸。基于非线性规划算法，平衡材料投资与泵送能耗，兼顾流速控制（如稠油防摩阻、气液混输防段塞流），优化后管道建设成本可降低20%~30%，运行效率提升15%~25%，同时延长管网服役寿命。

2.4.2 推广建议

(1) 余热回收技术

① 热泵技术

热泵技术可以高效利用余热，并且可以替代集输过程中的低温位加热炉，目前主流的高温热泵采用压缩式热泵+蒸汽压缩方案，可以替代部分高温用热。

采用热泵技术最好结合智能控制技术，结合废热的利用，以便很好地解决故障检修等难题。但在冬天环境温度较低的情况下，应加强设备巡检，防止结霜，并辅助电加热保持舒适的环境。

② 蒸汽喷射技术

该技术在某油田硫磺回收装置已经在用，可以进一步推广；另外在气田，射流技术可以耦合不同压力的气源，可以利用需要降压的高压气作为驱动能源，实现流程后端的闪蒸气增压进入前端、低压井的气增压进站。

和其他热泵形式比较，蒸汽喷射技术可回收余热多，投资小、见效快、操作简单，可以解决回收余热蒸汽的问题，是具有较高经济价值的节能技术，宜于在工厂余热回收中进行推广应用。

③ 热管技术

热管技术在仪表保温伴热、太阳能集热等场景中已经有实际应用，同时可以结合人工智能技术构建相关数学模型，对热管换热器的冷、热流体的温度分布进行预测，这样可以更好地指导下一步工作。

④ 余热发电技术

中低温余热发电，由于温位限制，卡诺效率低，设备造价大，目前经济可行的案例稀缺，可以作为技术储备，但是如果存在冷能(如液化天然气气化过程会产生大量的冷能)，与余热耦合，则可大幅度提升发电效率。

塔里木油田可以优先发展热泵技术，其次是余热发电技术，这两项技术应用广泛，可以作为其他几项节能技术的基础支撑，还可以在提高能源利用效率的同时，实现节能减排、降低成本、促进可持续发展，对塔里木油田的发展具有积极的推动作用。

(2) 加热炉节能技术

每项加热炉节能技术都有各自的特点和适用性，在应用时应尽量依托生产实际进行合理地选择，同时应注意技术的组合应用，取长补短，从而达到最佳效果。进入加热炉里伴热的原油，由于未经过处理，原油中会含有一定量的泥沙等杂质，如果能提前将这些杂质去除，那么对于提高加热炉的运行效率及油田经济效益是有很大帮助的。近年来应用了较多节能设备，也取得了良好的效果，但因设备种类繁多也带来了较多不便，所以需要尽量择优应用、统一应用。

① 热交换器技术

根据已有设备的生产实践及推广情况，热交换器工艺采用的措施合理、可行，且技术成熟稳定，生产效率较高，建议推广。

② 加热炉替代技术

吸收式水源热泵适用于热负荷大，采出水余热资源丰富，有一定伴生气的站场；气源热泵在余热资源匮乏及热需求较小站场优先适用；压缩式热泵在热负荷大，采出水余热资源丰富，伴生气量较少的站场优先适用。

塔里木油田可以优先推广加热炉替代技术和热交换技术，因为现有技术成熟且发展快，不仅能够提升生产效率和降低成本，还能够对环境和当地社区产生积极影响。

(3) 无功补偿技术

在油田配电网工程中应用无功补偿技术，可以保障电力系统安全稳定地运行，提高供电设备的运行效率，减少运行损耗，达到节能降耗的目的。油田配电网无功补偿技术的应用措施较多，塔里木油田也可以推广无功补偿技术，注意需根据情况选择不同的无功补偿装置。

(4) 集输工艺

① 油气混输技术

混输技术适用于天然气伴生油田、页岩油、页岩气油田。在推广前需针对管道条件进行评估，由于不同地区的原油和天然气可能会存在差异，所以在大范围推广前建议先开展小规模的示范项目，观察实际运行情况，确保凝析水合物、液态烃析出等问题不会对管道产生影响，再进行大范围推广。

② 常温集输技术

常温集输技术在油田开采、油气生产、输油管道、天然气收集、化工工业和可再生能源等领域得到广泛应用。在推广前须全面考虑含水率、温度、剪切率等多种影响因素，同时必须加强集油管路的保温措施，确保工艺的正常运行，这样才能达到节能降耗的目的。

油气混输技术和常温集输技术在塔里木油田都可以进行推广，在推广油气混输技术前建议在一些区域或小规模管道上开展油气混输技术的示范项目；在推广常温集输技术前需要对油气产出比例、地层压力、温度、岩石特性等进行考察，以确定是否适合在井口附近实施常温集输技术。

第三节　固碳技术

■ 1　固碳量和碳汇量

固碳和碳汇是两个密切相关但又有所区别的概念。固碳，本质上是指将碳元素封存于自然界中，不包括大气在内的其他碳库的过程。这一过程可以通过多种方式实现，例如，将二氧化碳物理性地存储在海洋、煤矿等特定的碳库中；或者通过生物过程，将二氧化碳转化为碳水化合物，进而封存于植被或土壤中。简而言之，固碳就是通过各种途径，将大气中的二氧化碳固定并储存在其他碳库中。

固碳技术中的埋碳技术以二氧化碳地质封存为核心，通过将工业排放的 CO_2 注入地下实现长期封存，其中二氧化碳驱油提高采收率（CCUS-EOR）是关键路径。超临界 CO_2（温度>31.04℃、压力>7.38MPa）注入油藏后，可降低原油黏度、膨胀原油体积并形成混相驱替效应，驱动残余油流动，使采收率提升 8~15 个百分点。该技术兼具增油与固碳双重效益，成为能源行业绿色转型的重要支撑。

固碳量是指在长时间跨度内，除大气外的各个碳库通过碳封存机制积累的碳的总量，它反映了一个国家或地区在多年累积过程中，通过物理或生物途径固定在海洋、煤矿、植被或土壤等碳库中的碳的储存情况。这是一个存量指标，它揭示了碳元素在不同碳库中的长期积累情况。

相对而言，碳汇则强调了通过特定的生态保护措施，如人工植树造林等，来吸收大气中的二氧化碳的过程或机制。碳汇量关注的是在一年或某个特定时段内，森林、草地等碳库中碳的数量的变化，即这段时间内碳库所吸收或释放的碳的量。这是一个流量指标，它反映了碳元素在碳库中的短期流动和变化。

总结来说，固碳量关注的是多年累积的碳储存总量，而碳汇量关注的是在一定时间范围内碳的吸收或释放量。两者共同构成了我们对碳循环过程的理解，帮助我们评估和监测碳收支情况，对于应对气候变化和生态保护具有重要意义。

■ 2　陆地植被固碳量

陆地植被固碳是一种通过生物过程实现的碳封存机制，在陆地生态系统中扮演着至关重要的角色，作为自然界的一个重要碳汇，它对减少大气中二氧化碳等温室气体的浓度起到了显著作用。在这一过程中，陆地植被通过光合作用吸收大气中的二氧化碳，并将其转化为碳水化合物，储存于植物体内。随着时间的推移，这些植物群落累积固定的碳元素的数量（或质量）便构成了所谓的陆地植被固碳量。这是一个存量指标，映射了植被群落长期以来的二氧化碳吸收和固定能力。简而言之，陆地植被固碳量代表了陆地植被通过光合作用在长时间尺度上所固定的碳的总量。这一指标不仅对于维持大气中的碳平衡至关重要，也是减缓全球气候变化的有效途径。因此，保护和增强陆地植被的固碳能力，对于应对气候变化和维护生态平衡具有深远的影响。

但在以往的固碳量研究中，大量学者倾向专注于森林、草地等特定植被类型，这种专注于特定领域的研究方法固然有其专注深入的优势，但也容易忽略那些由多种植被类型（如林下植被）共同构成的复杂生态系统对碳固定的贡献。这些复合生态系统在碳固定和储存方面同样扮演着不可或缺的角色。此外，过分集中于单一植被类型可能会导致其他植物群落对固碳增汇的潜在贡献被忽视，这可能会影响研究的全面性和结果的准确性。

■ 3　中国陆地植被固碳量测算体系

在固碳量的测算领域，学术界最初采用的方法是生物量法。该方法的核心是计算植被在一定时间范围内积累的有机物质总量，即生物量。随着研究的深入，学者们不断对这一测算体系进行创新和完善，发展出了多种衍生方法，如生物量换算因子法、模型模拟法和遥感估算法等。这些方法在固碳量的估算中起到了关键作用，为精确评估碳储存和碳循环提供了坚实的科学基础和技术支持。

3.1　生物量换算因子法

目前，估算植被固碳量最广泛应用的方法是生物量转换因子法。这种方法基于静态平衡分析，以其操作简便、计算快速而著称。然而，这种方法的局限性在于其使用的参数并非固定，而是随时间和环境条件变化而变化。具体来说，生物量转换因子法通过将植被的平均蓄积量、覆盖面积和生物换算因子相乘，来计算植被的生物量，进而估算植被的固碳量。这个过程可以通过公式来表示。

$$\begin{cases} C=\sum B\times C_{\mathrm{C}} \\ B=V\times S\times BEF \end{cases}$$

该方法的核心在于计算植被的总生物量(B)和含碳系数(C_{C})，从而推算出固碳量(C)。总生物量是通过植被的平均蓄积量(V)、覆盖面积(S)与生物量换算因子(BEF)的乘积来获得的。含碳系数(C_{C})的值通常介于0.44~0.55。由于这一方法主要依赖平均蓄积量这一参数，也被称为蓄积量法。生物量换算因子(BEF)的确定是该方法的一个关键步骤，通常以联合国政府间气候变化专门委员会(IPCC)提供的转换因子常数作为基准。在此基础上，Fangetal结合植被的内部结构特征(如疏密度和年龄)对IPCC的转换因子进行了优化，以确定中国主要植被类型的BEF值，从而提高估算的精度。计算公式如下：

$$BEF=a+b/V$$

在此方法中，V代表特定类型植被的蓄积量，而a和b是用于表征蓄积量与植被固碳量关系的常数。这种方法特别适合于对广阔陆地植被固碳量的评估。通过精确确定a和b的值，我们能够相对准确地计算出广泛区域内植被的固碳量，这为我们认识陆地生态系统的碳储存状况和碳循环动态提供了关键数据支持。

3.2 模型模拟法

模型模拟法在考虑生物量换算因子法的基本因素之外，更进一步地将自然因素如温度和降雨量纳入分析，以动态地评估这些因素对植被固碳量的影响，从而能够更为精确地计算植被的固碳量。依据所采用模型的不同，该方法的具体实施也有所差异。例如，生态系统初级生产量模型(如MIAMI模型)侧重于植被的生产力和碳固定速率；生物地球化学循环模型(如Biome-BGC模型)则提供了一个更为全面的框架，用于模拟植被与大气、土壤之间碳、氮等元素的循环；而土壤碳氮模型(如CENTURY模型)专注于土壤碳库的动态变化及其与植被固碳的相互关系。这些模型在估算植被固碳量方面各具优势，但它们都建立在深入的生态学和地球科学研究基础之上。

3.3 遥感估算法

遥感估算法依赖于人造卫星作为远程感应平台，通过先进的卫星遥感技术，广泛而精确地监测和搜集不同类型植被的生长状况数据。结合具体研究区域的实际情况，这种方法能够对广阔生态系统的碳储存能力进行评估。为了减少单一数据源可能引入的误差，现代研究通常倾向于整合多种遥感数据资源，例如结合光学遥感数据和微波雷达数据，以此来提高对固碳量估算的准确性。鉴于遥感数据所蕴含的巨量信息，研究人员通常采用回归分析等统计手段以及神经网络等人工智能技术进行数据处理和分析。综上所述，遥感估算法是一种综合利用多种卫星遥感数据，并结合先进的统计学和人工智能分析方法，对大规模生态系统碳储量进行精确评估的技术手段。

在遥感估算法中，计量方法如回归分析扮演着至关重要的角色。这些方法通常将经过整合处理的遥感数据，例如差值植被指数（DVI）和归一化植被指数（NDVI），作为自变量。通过运用回归分析等统计手段，我们能够对植被的固碳量进行初步估算。这种方法因其操作简便、技术门槛相对较低而广受欢迎。然而，这种方法也存在局限性。植被生物量与其影响因素之间的关系往往是非线性的，而线性回归分析可能无法充分捕捉这种复杂性，从而导致估算结果存在一定的误差。为了克服这一挑战，研究人员可能需要结合更先进的数据处理和分析技术，如神经网络等人工智能技术，以提高估算的精度和可靠性。

总体而言，回归分析等计量方法是遥感估算法中用于估算植被固碳量的一种有效工具，尽管其操作简便，但由于其线性假设，可能无法完全准确地反映植被生物量与其影响因素之间的复杂关系。因此，在实际应用中，应当注意这种方法的局限性，并探索更精细化的估算手段。

■ 4 植物固碳量

植物固碳量指的是在一定时间范围内，植物通过一系列生物过程，诸如光合作用、呼吸作用以及分解作用等，将大气中的二氧化碳转化为有机物，并将其储存于土壤中的碳总量。这些生物过程在碳循环中扮演着至关重要的角色，它们不仅影响大气中二氧化碳的浓度，还对土壤肥力以及生态系统的碳平衡产生着重大影响。简而言之，植物固碳量揭示了植物通过其生物活动将二氧化碳转化为土壤中碳素的过程和量度。不同植物固碳量对照表见表 2-2，不同种植方式单位种植面积年 CO_2 固定量比较表见表 2-3。

表 2-2 不同植物固碳量对照表

序号	植物种名	单位面积年吸收 CO_2 量/$kgCO_2$
1	马占相思 Acacia mangium	0.656
2	大叶相思 Acacia auriculaeformis	0.811
3	台湾相思 Acacia confusa	0.754
4	降真香 Acronychia pedunculata	0.811
5	水团花 Adina rubella	0.811
6	银柴 Aporosa dioica	0.811
7	假槟榔 Archontophoenix alexandrae	0.314
8	波罗蜜 Artocarpus heterophyllus	0.811
9	地毯草 Axonopus affonis	0.811
10	羊蹄甲 Bauhinia blakeana	1.047
11	秋枫 Bischofia javanica	0.630
12	木棉 Bombax malabaricum	1.122
13	簕杜鹃 Bougainvillea spectabili	0.811
14	红千层 Callistemon rigidus	0.688
15	油茶 Camellia oleifera Abel	0.811
16	美人蕉 Canna generalis	1.129
17	福建茶 Carmona microphylla	0.678
18	短穗鱼尾葵 Caryota mitis	0.811
19	黧蒴 Castanopsis fissa	0.811
20	散尾葵 Chrysalidocarpus lutescens	0.530
21	麻楝 Chukrasia tabularis	0.387
22	阴香 Cinnamomum burmannii	0.540
23	樟树 Cinnamomum camphor	0.978
24	柑橘 Citrus reticulataB anco	0.390
25	椰子 Cocos nucifera	0.354

续表

序号	植物种名	单位面积年吸收 CO_2 量/$kgCO_2$
26	黄牛木 Cratoxylum cochinchinenses	0. 811
27	杉木 Cunninghamia laceolata	0. 811
28	凤凰木 Delonix regia	1. 144
29	人面子 Dracontomelon duperreanum	0. 595
30	假连翘 Duranta repens	0. 423
31	桉树 Eucalyptus citriodora	1. 730
32	三叉苦 Evodia lepta	0. 811
33	红背桂 Excoecaria cochinchinensis	0. 811
34	高山榕 Ficus altissma	0. 811
35	垂叶榕 Ficus benjamina	0. 811
36	榕树 Ficus microcarpa	1. 080
37	金叶榕 Ficus microcarpa · cv · Golden Leaves	0. 908
38	大叶榕 Ficus virens var · sublanceolata	0. 436
39	扶桑 Hibiscus rosa-sinensis	1. 077
40	蜘蛛兰 Hymenocallis littoralis	0. 959
41	龙船花 Ixora chinensis	0. 959
42	非洲桃花心木 Khaya senegalensis	0. 811
43	大花紫薇 Lagerstroemia speciosa	0. 452
44	马缨丹 Lantana camara cv. Flava	1. 144
45	荔枝 Litchi chinensis	0. 572
46	豺皮樟 Litsea rotundifolia	0. 811
47	蒲葵 Livistona chinensis	0. 660
48	梅叶冬青 Ilex asprella	0. 811

续表

序号	植物种名	单位面积年吸收 CO_2 量/$kgCO_2$
49	芒果 Mangifera indica	0.703
50	白兰 Michelia alba	1.090
51	夹竹桃 Nerium oleander	0.812
52	海枣 Phoenix dactylifera	0.851
53	九节 Psychotria rubra	0.811
54	大王椰 Ravenea rivularis	0.575
55	桃金娘 Rhodomyrtus tomentosa	0.811
56	山乌桕 Sapium discolor	0.811
57	鸭脚木 Schefflera octophylla	0.811
58	木荷 Schima superba	0.857
59	金山葵 Syagrus romanzoffiana	0.699
60	白蝴蝶 Syngoniumpodo phylum cv. Albovirenvs	0.343
61	海南蒲桃 Syzygium cumini	1.070
62	蟛蜞菊 Wedelia trilobata	0.486
63	台湾草 Zoysia tenuifolia	2.221

表 2-3　不同种植方式单位种植面积年 CO_2 固定量比较表

种植方式	类型编号	CO_2 固定量/($kgCO_2/m^2$)
大小乔木、灌木、花草密植混种区(乔木平均种植间距)<3.0m，土壤深度>1.0m	1	27.5
大小乔木密植混种区(平均种植间距)<3.0m，土壤深度>0.9m	2	22.5
落叶大乔木(土壤深度>1.0m)	3	20.2
落叶小乔木、针叶木或疏叶性乔木(土壤深度>1.0m)	4	14.3
小棕榈类(土壤深度>1.0m)	5	10.25
密植灌木丛(高约 1.3m，土壤深度>0.5m)	6	10.95

续表

种植方式	类型编号	CO_2 固定量/ ($kgCO_2/m^2$)
密植灌木丛(高约 0.9m，土壤深度>0.5m)	7	8.15
密植灌木丛(高约 0.45m，土壤深度>0.5m)	8	5.13
多年生蔓藤(以立体攀附面积计算，土壤深度>0.5m)	9	2.58
高草花花圃或高茎野草地(高约 1.0m，土壤深度>0.3m)	10	1.15
一年生蔓藤、低草花花圃或低茎野草地(高约 0.25m，土壤深度>0.3m)	11	0.34

第三章

低碳节能技术应用案例——以塔里木油田为例

第一节　集输系统篇

1　管道减阻技术

1.1　技措背景

某采油气管理区跃满转油站外输油管道于 2018 年建成投产，起点为跃满转油站，终点为某联合站，管道全长 63.4km，管道设计压力 2.5MPa，材质为玻璃钢管线，规格为 *DN*200，设计输量为 58.5×10^4t/a。随着某油田的逐步开发，跃满区块、跃满西区块的原油产量逐渐增加，管道已无法满足运输需求，每天需通过车辆将试采单井原油拉运至哈四联卸油台处理，造成原油拉运成本高，为管理区安全生产和成本控减工作带来很大的挑战。

1.2　技措方案

将减阻剂加注至管道，使得聚合物分子充分展开与流动流体的湍流发生相互作用，吸收管流薄间层的能量，从而干扰薄间层的液体分子从缓冲区进入湍流核心，减弱湍流的程度，阻止其形成湍流，进而减少油品的流动阻力。该采油气管理区对跃满至哈一联输油管道加注减阻剂，使整体外输压力降低，同时管道实际输量增加，管道外输压力控制在 2.5MPa 以内，不仅有效保障了管理区生产运行平稳和外输油产品质量，而且减少了拉运的距离和风险。

1.3　实施效果

在管道加注减阻剂后，已增输原油近万吨，节约成本数十万元，减少柴油用量数十吨。

2　真空加热炉运行优化技术

2.1　技措背景

某采油气管理区配备真空加热炉的生产井共有 44 口，通过调查发现，一些井站耗气量远大于与它产量差距不大的单井站，这些单井的出站温度高于SOC/SOL报表设定的出站温度下限值，同时也高于天然气水合物的生成温度，在环境温度较高的情况下容易造成自用燃料气的浪费；原料气进入大北处理站温度过高，会影响分离器的分离效果，增加气中带液的风险，同时增加了原料气在处理过程中温度控制难度，进而影响烃水露点。

2.2 技措方案

通过统计各单井集气站加热炉进出炉温度参数、各单井加热炉燃料气月消耗量，发现部分单井耗气量远远高于同片区其他单井，为验证加热炉出口温度是否高于其所需值，开展管线温度模拟。

通过软件对大北处理站进站天然气水合物温度进行模拟，计算得出在进站压力下，管线的水合物生成温度为18.15℃。通过查看DCS进站温度曲线图，2022年最低进站温度为20.8℃，6月1日至6月13日进站天然气温度在23.2~24℃稳定运行，确认处理站进站温度在24℃以上不会有水合物生成，因此将管网末端模拟温度设为24℃。

通过软件进行温度模拟，根据GB 50349—2015《气田集输设计规范》中埋地硬质聚氨酯泡沫塑料保温天然气凝液管道总传热系数K选用表选择合适的传热系数，以管网末端大北处理站进站温度24℃为节点，模拟原料气在管线中的温降，与现场数据校核，得出各单井加热炉出口所需最低温度数据。模拟后，将加热炉模拟温度与运行温度进行对比，发现共有14口单井加热炉出口温度高于其所需温度。

基于上述认识，采油气管理区就真空加热炉出口温度优化方案的可行性进行专题讨论，提出了优化过程中可能存在的风险及防控措施，并对两个采气作业区按区块依次对加热炉降温。

2.3 实施效果

通过对加热炉降温优化并记录运行数据，发现14口井中调整前后温降最大达9.5℃，14口井平均降温3.28℃。14口井调整前后燃料气流量下降差值最大达到7.6m^3/h，14口井平均减少燃料气消耗2.04m^3/h，优化后其中5台加热炉停炉，停炉后可满足管线天然气输送所需温度。14口井实施参数优化后，年可节约燃料气10^4m^3以上。

■ 3 高含水气井生产流程优化技术

3.1 技措背景

英西采气作业区某片区需要向地层注水，补充能量，保障区块产能。但当前区块含水气井及油井采出水不能满足区块的注水量，而转油站附近高含水气井，可以缓解区块注水量不足的问题。

3.2 技措方案

某单井于2021年4月再次开井生产，该井作为临近区块油藏注水的高含水气井，在满足注水工程水源需求的同时，进一步延长单井生命周期。将单井产水倒入转油站水处理流程，既可以满足注水量要求，又可以降低外输油品含水率，有效降低某处理站水处理压力，具体做法如下：

（1）在单井新增分离器，将单井生产的气液在该单井分离器进行气液分离；

（2）分离出的液进转油站处理后注水，气则直接进系统生产，避免单井直接转低压生产。

3.3 实施效果

（1）该做法直接避免了单井全面转低压生产，既满足了向转油站供水的需要，又避免了低压生产需要新增压缩机的情况；

（2）单井产气量按60000m^3/d，压缩机运行效率按80%计算，如果该井全面转低压生产，需要一台吞吐量为75000m^3/d的压缩机为该井生产的天然气进行增压；

（3）日吞吐量75000m^3的压缩机功率按400kW计，24h运行，每年节约电量近百万千瓦时。

■ 4 油气混输技术

4.1 技措背景

某油田产油密度分布具有东北高、西南低的特点，大多数稠油井均集中在转油站东北部区域，转油站设计处理能力4000t/d（液），采用气液两相分离工艺，将单井来气液混合物分离为含水油和伴生气，伴生气自压外输至联合站，含水油经外输泵增压加热后外输至联合站三相分离器后进行二次分离（外输油出站压力1.0MPa，出站温度38℃），存在原油二次分离、工艺重复且造成能源浪费、增加生产成本的问题。

4.2　技措方案

（1）混输的必要性

转油站原设计为两级布站，目前油处理量仅为1200t/d，伴生气处理量5000m³/d，装置负荷率仅为30%，为低负荷运行站场。联合站处理规模100×10^4t/a，现有负荷率53%，负荷率较低，利用已建输油管道，油水混输至联合站集中处理，必要性充足。按照提高装置运行效率、负荷率的工作要求，有必要将转油站进站油水混输至联合站集中处理。

（2）混输的可行性

转油站外输油管线长7.58km，管径273mm×8mm，设计压力2.5MPa，设计流量1610t/d，转油站至联合站海拔相对高度基本为零。转油站进站阀组压力1MPa左右，片区最远端单井回压1.6MPa，联合站进站阀组稠油压力0.58～0.65MPa、稀油压力0.45～0.55MPa，可满足混液自转油站输送至联合站的要求。

转油站混输水力热力计算表见表3-1。

表3-1　转油站混输水力热力计算表

工况	管线(7.58km)			输量	起点		末点		
	介质	管径/mm	设计压力/MPa		压力/MPa	温度/℃	压力/MPa	温度/℃	流速/(m/s)
分输	输油	Φ273×8	2.5	1610t/d	0.82	37	0.5	32	0.45
	输气			9000～55000m³/d	0.36	37	0.32	10 地温	0.7
混输	混输			气液比30	1	37	0.5	33	0.97

（3）利旧现有流程平稳过渡越站混输

将转油站现有外输工艺调整为越站生产流程，油气直接混输至联合站，停运外输炉、外输泵、电磁加药泵、通球预膜加药泵、外输气管线，混输后实际原油出站压力0.88MPa，温度31℃，满足当前生产需求。

4.3　实施效果

（1）有效节约电能消耗。转油站越站混输生产后，站内7台用电设备及2台油气分离器停运，全年可节约用电量83.24×10^4kW·h，降耗百吨标煤。

（2）节约天然气消耗。转油站越站混输生产前，每年冬季生产时使用外输炉提高外输油温度，外输炉每日消耗天然气约 700m^3，全年(冬季生产 150 天)消耗天然气 10.5×10^4m^3，越站生产后，停运外输炉，全年节约天然气 10×10^4m^3，减排二氧化碳约 216t。

(3) 节约缓蚀剂。转油站越站生产前，外输气管线加注缓蚀剂及每年 4 次的管线通球预膜，减缓外输气管线腐蚀速率，全年消耗缓蚀剂 42.9t，越站生产后，外输气管线停运，全年节约缓蚀剂 42.9t。

(4) 节约维保费。转油站越站生产后，停运 7 台用电设备及 2 台油气分离器，运行岗巡检频次由每日 12 次降低至每日 6 次，大幅减少了员工工作量及操作风险，同时节约了 7 台用电设备的维保费用及 2 台分离器的检修费用。

转油站越站混输生产，也为开展联合站至联合站油水混输提供了经验。

5　电伴热精准控温技术

5.1　技措背景

某采油气管理区点多面广，设备多，装置负荷低，2022 年，天然气自用及消耗存在排放总量高、排放强度高、电气化率低"两高一低"的特点。清洁能源利用率 6.5%，且主要为装置系统的余热利用。某采油气管理区指标对标情况见表 3-2。

表 3-2　某采油气管理区指标对标情况

指标	单位	某管理区	油田平均
能耗总量	×10^4tce	9.041	245.9(总量)
能耗强度	kgce/t	87.45	77.6
碳排放总量	×10^4t	27.66	230(总量)
碳排放强度	kgCO_2/t	267.56	69
电气化率	%	21.16	25.42

5.2　技措方案

使用温控器替换接线盒，温控器是根据工作环境的温度变化，在开关内部发生物理形变，从而产生导通或者断开动作的一系列自动控制元件，实现电伴热运行自动控制，其优点有：温控器控制精度高，反应灵敏，可靠性较高，能适应各种不同温度环境，故障率较低；采用温度传感器测量管道或设备的温度，根据实际测量温度确定电伴热的启停，既满足了管内介质加热需求，又不造成额外热量的输出，是一种按需式的控制方式。改造后电伴热示意图如图 3-1 所示。

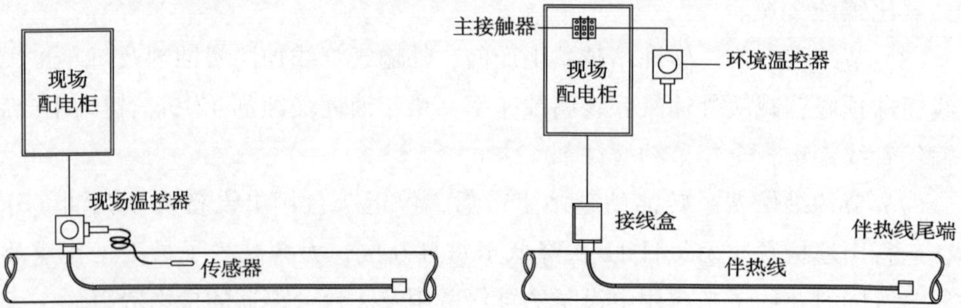

图 3-1　改造后电伴热示意图

5.3　实施效果

（1）经济效益

在冬季运行期间，现场管道和设备电伴热回路共计 689 条，总运行功率为 972.13kW，整个冬季运行时间为 4 个月，平均气温仅为零下 10℃。冬季运行时电伴热是确保管线介质平稳生产防止冻堵的关键设备，改造前电伴热每年实际消耗电能约为 280×10^4kW · h，改造后每年可节约电费数十万元。

（2）管理效益

① 制定电伴热台账，提炼了多条电伴热精细管理措施，培养了技术人员解决问题能力，为其他站队提供了借鉴意义。

② 通过先实验再施工，施工中根据实际情况进行改正，提高了队伍实际解决问题的能力和素质，改造后根据管线时刻温度变化实现电伴热自动开关，增加其使用年限，减少老化、故障出现。

③ 根据电伴热改造实践，总结形成《联合站电伴热精细化管理办法》，并将内容写入“两册”，强化岗位职责落实，形成节能降耗措施长效机制。

■ 6　单井加热炉运行优化技术

6.1　技措背景

作业区部分区块气井单井距离集气站较近，以某片区为例，共有 10 口单井正常生产，每口单井配备单井加热炉，目前各单井采用分散加热的方式加热输送到集气站，再通过集气站干线加热炉再次加热输送至下游。由于部分单井集气站距离较近，温降较少，因此使用单井加热炉存在资源浪费、环境污染问题；单井分布比较散，离生活区距离过大，维护难度较大，并且出现紧急情况时，人员无法第一时间到达现场；各单井至集气站距离较近，存在重复加热，燃料气消耗量比较大，造成天然气资源浪费。

6.2　技措方案

通过软件模拟，计算出片区各单井水合物生产的最低点以及模拟停运单井加热炉后各单井进集气站温度，统计出可以停运并且不影响正常生产的井 7 口，并应用到生产中。

6.3　实施效果

按某片区各单井加热炉每月消耗天然气约 $3.8\times10^4m^3$ 计算，年节约天然气 $45.6\times10^4m^3$，年节约成本数十万元；按每 10^4m^3 天然气折 13.3tce 计算，年节约 606tce，减排 985t 二氧化碳。

■ 7　加热炉光电一体化改造技术

7.1　技措背景

采用自喷方式生产，自采油树出来的气液经加热炉加热后混输至集气站，井口加热炉用燃气为处理站返输回的干气，每天消耗燃料气 $1000m^3$。该井日产液 60t，日产油 30t，日产气 $150m^3$，油压 11MPa，井口温度 30℃，需加热至 50℃ 外输。

7.2　技措方案

白天以光伏发电为加热炉提供能源，夜间或不具备光照条件时以网电为主提供热能。系统由光伏发电系统、电加热炉以及配套的控制系统组成，工艺流程如图 3-2 所示。该工艺可以实现太阳能与电能互补，流程简单；无蓄热太阳能面积，占地面积小；无复杂逻辑关系，控制实现简单；日照强度差的时间段，光伏发电效果不好，可以用网电辅助。

7.3　实施效果

（1）设备运行平稳，满足该井生产需求。光电一体化加热炉自投运以来，稳定运行 42d，单日最大发电量 256kW · h，炉筒温度设定为 70℃，井口产液温度在 30~33℃，炉后温度 45~50℃，运行平稳。

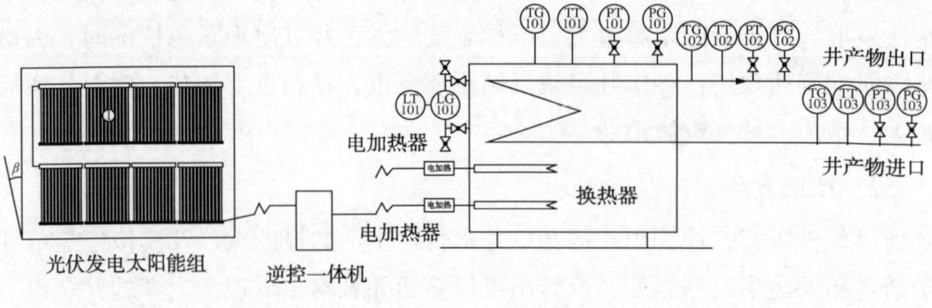

图 3-2　工艺流程图

（2）井口光电一体化加热炉减碳效果显著，白天充分利用塔里木盆地优质的光照条件，年均可减少碳排放 113t。

（3）安全性能大幅提升，减少了燃料气系统，消灭了井场明火，彻底消除了燃气泄漏着火的风险。此外，光电一体化加热炉智能化程度高，维护工作量大幅减少，消除了传统燃气加热炉巡检点位多、检测工作量大、维护修理工作量大等弊端。

■ 8　试采天然气回收技术

8.1　技措背景

某采气作业区部分单井油压下降严重，不能直接进系统生产，试采点区块有增压站一座，增压站压缩机入口压力不高，有提升空间，可以适当增加压缩机入口压力，停运部分压缩机，增加压缩机处理量，将低压井倒入试采点可以提质增效。

8.2　技措方案

低压井倒入试采增压生产，优化压缩机参数，增加单台压缩机处理量，停用部分压缩机，具体做法如下：

① 提高试采生产分离器安全阀整定压力至 0. 8MPa；②停运 1#压缩机，提高增压站 2#压缩机入口压力，增大 2#压缩机处理量；③低压井倒进增压站生产。

8.3　实施效果

两台压缩机运行处理全部气量时，1#、2#压缩机实际有用功率分别为 130kW、287kW，24h 运行，每年节约费用数十万元。

■ 9 单井地面增压管网运行优化技术

9.1 技措背景

某井2013年投产，原为自喷井，因被水淹，无法正常生产，为恢复该井生产能力，于2018年8月2日实施油管穿孔，使油管与套管连通，增加气举采气流程，将该井改为气举井。2019年3月该井气举工程实施后增加气举设备实施增压，11月2日由于该井增压气举无效停止增压。

2019年11月2日利用单井压缩机将该井的湿气，经Φ114气举管线输送至另一井，加热调压至1.0~1.4MPa后进分离器分离，气相进入压缩机入口，增压至20MPa，接入采气树套管接口，实施井筒气举作业。由于该井增压气举效果差、需要进行临时作业以及受气举压缩机增压排量的限制，停止该井气举作业。

9.2 技措方案

通过站外流程改造，2021年10月21日实现1井进入2井压缩机生产，利用2井压缩机同时给1、2井增压采气，停运1井的压缩机。某采气作业区通过最大优化地面增压管网流程，实现多口井同一压缩机运行，停用不必要的设备运行，提高在用压缩机的使用效率，达到节约电费、提高压缩机增压气量、降低压缩机运行成本的目的。

9.3 实施效果

（1）2021年1井压缩机、2井压缩机同时运行时间为2021年1月1日至3月15日，共计73d。2022年1月1日至3月15日仅运行2井压缩机，期间增压总气量不变。减少1井压缩机用电数十万kW·h，年减少碳排放量超400t。同时，还降低人员运行、维护成本，提高了压缩机的运行效率。

（2）实施最大优化地面增压管网流程改造后，冬季保供实现多口井共用一压缩机运行，提高在用压缩机的使用效率，充分释放单井产能，确保冬季生产。

■ 10 输配气站天然气压差发电技术

10.1 技措背景

西气东输第一站是一座集天然气处理、计量、外输为一体的综合性输气站，其中轮库气线主要为库尔勒市提供工业用气和民用气，年输气能力25×10^8Nm^3，轮库气线进气压力 6.16~6.53MPa，经过调压阀调压后压力 4.54~4.75MPa，压力能完全消耗在节流调压过程中，不仅对调压阀造成极大的冲击，也造成很大的能量浪费。

10.2 技措方案

为对轮库气线调压过程中压差动能进行有效回收，经可行性研究，计划实施压差发电工程，改变现有调压模式，在调压流程上接入膨胀机代替调压阀，气体进入膨胀机后在降温降压过程中产生动能，余压动能通过转动轴产生机械能并推动发电机发电，既可实现气体调压，又可对调压过程的压差动能进行回收发电，实现能源重复利用。压差发电与发电机组总体布置图如图 3-3 所示。

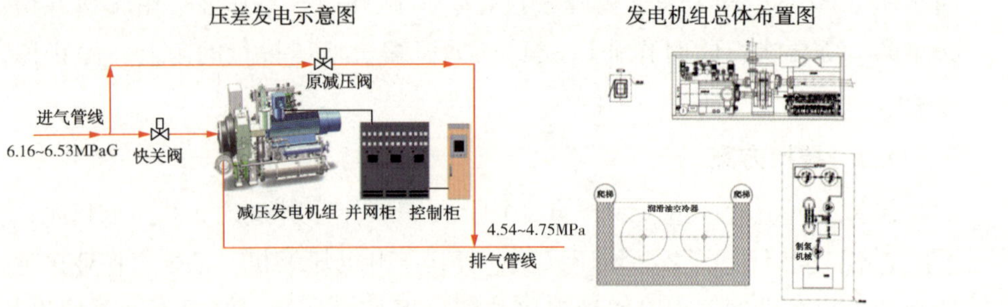

图 3-3　压差发电与发电机组总体布置图

本工程于 2022 年 9 月完成施工图设计，在站内新建 1 套天然气压差发电机组，发电机组主要包括透平膨胀机、干气密封系统、发动机及机组控制系统。压差发电系统从轮库气线调压阀上游取气，进入压差发电装置进行压差动能回收后，回到调压阀下游外输。压差发电装置设计功率 600kW，机组所发电能由某输油首站 10kV 高压配电室负载自行消纳。透平膨胀发电机示意图如图 3-4 所示。

图 3-4　透平膨胀发电机示意图

结合天然气专业计算数据，按最小流量、最小压差进行设计，要求排气温度不低于 11℃。透平膨胀机采用 2 级串联径流式结构，高速端转速 12400r/min，低速端转速 3000r/min，通过减速齿轮箱减速后与发电机连接。膨胀机输入参数见表 3-3。

表 3-3　膨胀机输入参数

序号	项目名称	单位	参数
1	流量	$\times 10^4 Nm^3/d$	241～265
2	进口压力	MPa	6. 16～6. 53
3	进口温度	℃	36. 5～39. 5
4	出口压力	MPa	3. 71～4. 53
5	出口温度	℃	12. 9～20. 8
6	冷却方式	-	空气冷却
7	其他气源	-	氮气源，轴端密封用
8	其他要求	-	并网设施

根据本项目工质特点，密封系统用氮气作密封介质，结合天然气压缩/膨胀机所用密封现状，采用两级串联式干气密封结构以阻隔天然气工质泄漏，当第一级干气密封故障失效后，仍能够保证天然气不泄漏至环境中。在透平与齿轮箱之间的轴段采用干气密封，干气密封为整圈式结构，可轴向装入和拆卸。

干气密封与装置示意图如图 3-5 所示。

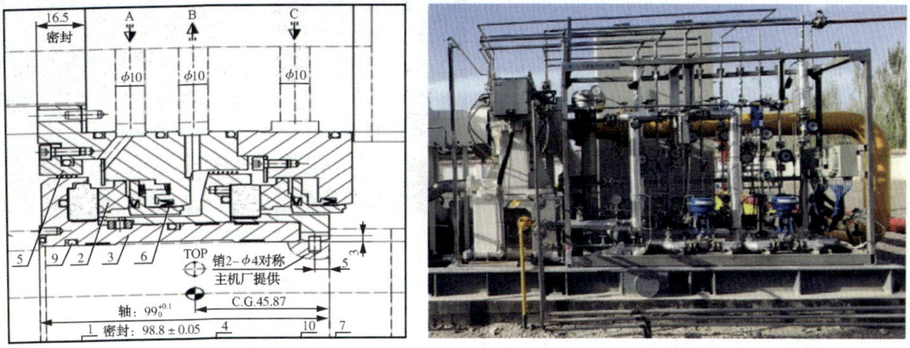

(a)干气密封示意图　　(b)干气密封装置

图 3-5　干气密封与装置示意图

本项目采用异步发电机方案，机组配置一台异步发电机组，包括异步发电机、监测元件、并网柜及控制柜。异步发电机技术成熟、结构简单，无集电环和碳刷，可靠性高，不受使用场所限制，无转子励磁，不需要同期及电压调节装置，电站设备简单，运行维护费用低。

发电机基本参数与异步发电机外形图如图 3-6 所示。

序号	项目	参数
1	额定输出功率	≥600kW
2	额定电压	10kV
3	额定转速	≥3000r/min
4	功率因数	≥0.9
5	防爆等级	Exde IIB T4，并提供防爆证书
6	输出频率	50Hz
7	效率	≥95%

(a)发电机基本参数

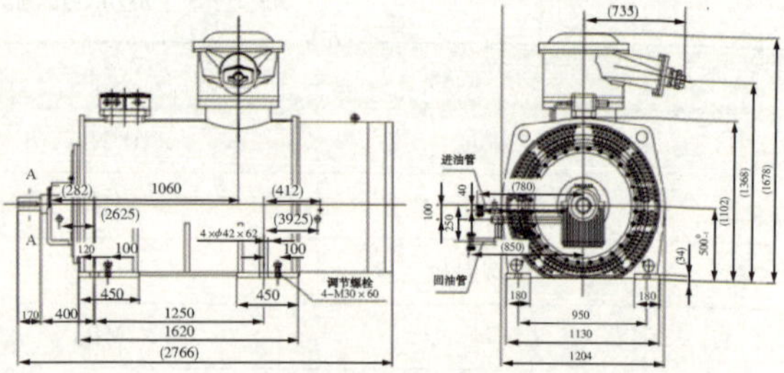

(b)异步发电机外形图

图 3-6　发电机基本参数与异步发电机外形图

本项目透平发电机组采用 PLC 控制，厂家配套提供一套完整的透平发电机组控制系统，包括系统设计、硬件制造、机柜集成、系统组态、测试等。控制系统的作用是在透平膨胀机出现事故(如超速、缺乏润滑油、压力异常升高等)时能够被隔离，从而保证机组的安全，同时能够控制透平机速度和调节机组负荷。

压差发电逻辑控制与上位机控制页面示意图如图 3-7 所示。

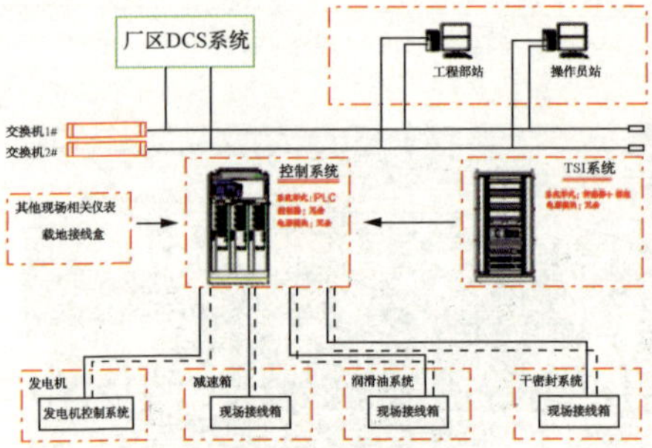

(a)压差发电逻辑控制图

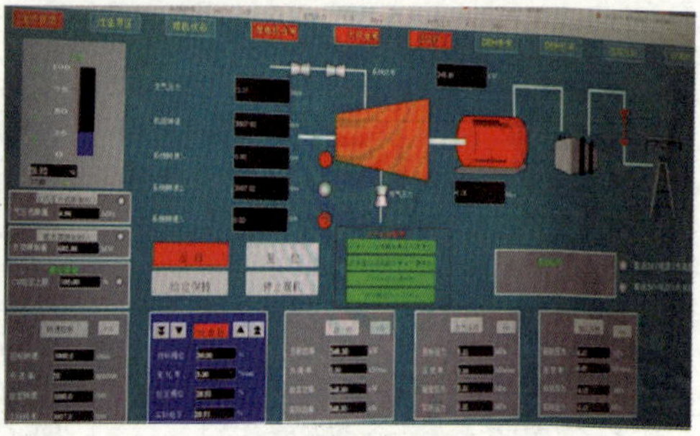

(b)上位机控制页面

图 3-7　压差发电逻辑控制与上位机控制页面示意图

西气东输第一站压差发电工程于 2023 年 4 月 14 日开始现场撬装设备及输电电缆敷设等基础施工，2023 年 7 月 30 日压差发电橇装设备全部到达现场，9 月 26 日完成全部设备调试，9 月 27 日设备试运行成功。

10.3　实施效果

本工程发电机组功率为 600kW，输出电压为 10kV，轮库线夏季和冬季输气量存在差异，夏季日输气量 480×10^4Nm^3，取气量与管道输气量占比约 42%；冬季日输气量 650×10^4Nm^3，取气量与管道输气量占比约 31%。经核算，夏季和冬季机组发电功率均可达到 600kW 以上。机组年发电功率计算见表 3-4。

表 3-4　机组年发电功率计算

项目	单位	夏季(据实数据计算量)		冬季(据实数据计算量)	
		夏季低限	夏季高限	冬季低限	冬季高限
主管线实际流量	$\times10^4Nm^3/h$	20.27	20.91	24.81	28.76
发电利用流量	$\times10^4Nm^3/h$	10.06	10.24	10.61	11.07
透平进口压力	MPa	6.16	6.53	6.17	6.53
透平进口温度	℃	36.12	36.50	39.27	39.28
透平出口压力	MPa	3.71	3.80	4.15	4.54
透平实际焓降	kJ/kg	66.55	69.99	41.69	60.13
透平出口温度	℃	11.74	12.91	17.19	20.82
电机效率	%	95	95	95	95
电机输出功率	kW	600.06	600.09	600.04	600.05

（1）节能效果：机组投运后年发电量 486×10^4kW·h，折算标煤 597.29t，实现二氧化碳减排 3256t，具有良好的节能减排效果。

（2）应用推广：压差发电项目顺利投运，拓展了新能源利用途径，具有极大推广应用前景。

■ 11　光热储真空加热炉

11.1　技措背景

某采油气管理区碎屑岩区块的一口老井，目前为抽油机生产，日产液 17t，其中日产油 3t，日产水 14t。井口安装 1 台 40kW 电磁加热器，全年运行，年耗电量达到 17.52×10^4kW·h，折算能耗为 21.53tce。该区域太阳能资源丰富，有部分闲置的土地未充分利用，为利用太阳能提供了有利条件。

11.2　技措方案

项目于 2022 年 12 月底安装一套 40kW 的光热储真空加热炉(包括集热系统、储热系统、散热恒温系统、补水定压系统、控制系统等五大系统)，停用原井口电磁加热器。运行情况见表 3-5。

从表 3-5 中可以看出，更换为光热储真空加热炉后，系统日耗电量仅为 34kW·h，每天采出液需要电加热约 1h，光热替代电加热负荷约 609kW·h/d，井口采出液加热新能源替代率约 94.77%，试验效果良好。

表 3-5　运行情况

时间	日产液量/t	光热炉进出口温差/℃	采出液每天加热负荷/kW·h	光热炉每天加热负荷/kW·h	每天补充电加热负荷/kW·h	加热炉温度/℃	光热替代率/%
2023.3.4	18	9	643.464	609.854	34	67~97	94.77

11.3　实施效果

(1) 经济效益

以某采油气管理区单套设备为例，该装置装机规模为 40kW，年等效小时数为 1600h，年光热利用量为 19.5tce。耗能装置只有 2kW 集热器循环泵，年耗电 1.4×10^4kW·h，电费成本 0.7 万元。原电磁加热器为 60kW，年均有效启动时间 4500h，年耗电 27×10^4kW·h，电费成本 13 万元。综上所述，单套光热储一体化装置仅替代电能，年节约成本可达数十万元。

(2) 管理效益

通过“光热储真空加热炉”替代现有燃气及电加热炉，可达到降低能耗及碳排放，节约成本，消除燃气泄漏着火爆炸风险，解决氮氧化物、硫化物等环境污染物排放，降低劳动强度等多个目的，实现一举多得。

■ 12　空气源热泵

12.1　技措背景

空气源热泵技术以空气作为低温热源，通过逆卡诺循环使热量从低位热源空气流向高位热源，耗电量低，运行稳定，性能系数 *COP* 一般在 1.6~3.5，满足油田单井、集气站、生活区等低温(<80℃)的用热需求。某采油气管理区采用空气源热泵替代单井和集气站传统的电加热器，以实现全天候加热需求。

12.2　技措方案

某 1 井采用 60kW 复叠式空气源热泵，制冷剂 410A/134A；2 井采用 60kW 单级喷气增焓型空气源热泵，制冷剂 410A；3 井采用 85kW 复叠式空气源热泵，制冷剂 410A/134A；集气站采用 400kW 单机双级螺杆式空气源热泵，制冷剂

134A。复叠式空气源热泵采用两级复叠技术，复叠式热泵系统将两种或更多工作流体的循环耦合起来，以实现更大的温升，降低每级压比；两个独立的制冷循环通过中间的氟路换热器串联在一起，用接力的方式从寒冷的环境空气中吸收热量制取高温热水；可以达到比其他空气源热泵更高的出水温度(一般可达75℃，最高可达95℃)、更低的运行环境温度；在-35℃时稳定运行，低温时制热能力衰减与喷气增焓式空气源热泵相比极小，适合在北方严寒地区使用。

复叠式空气源热泵原理图如图3-8所示。

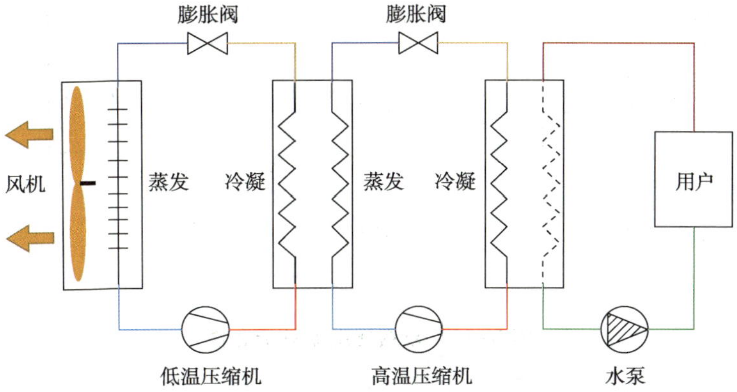

图3-8　复叠式空气源热泵原理图

单级喷气增焓型空气源热泵：低温空气源热泵主要为喷气增焓式，通过喷气增焓技术降低排气温度，在-20℃时可以稳定运行。其原理图如图3-9所示。

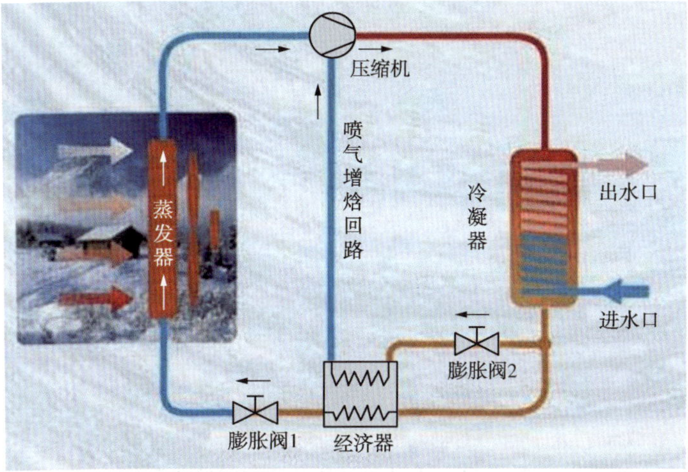

图3-9　喷气增焓空气源热泵原理图

多级系统采用多个压缩级数，以牺牲机械能消耗为代价实现更高的输出温度。双级压缩循环流程图如图 3-10 所示。

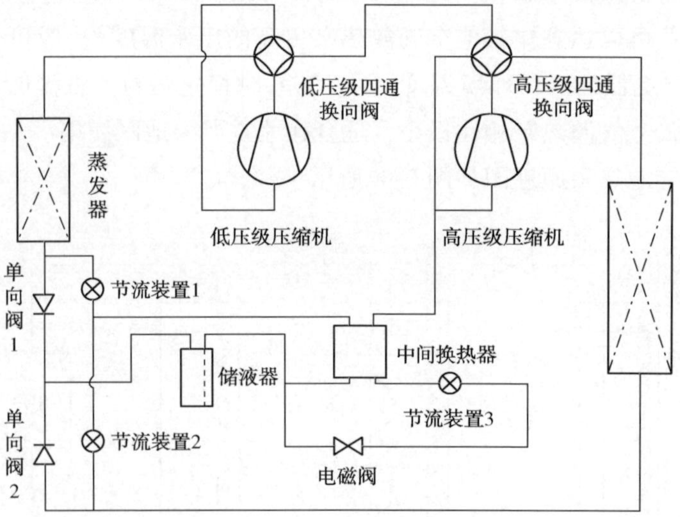

图 3-10 双级压缩循环流程图

空气能加热装置工艺流程见图 3-11，空气能加热装置采用直接加热方式，原油进入空气能加热装置冷凝器从 19℃加热到 30~35℃左右；空气能加热装置冷媒经压缩机压缩后进入到冷凝器散热，散热后的冷媒再次进入压缩机进行压缩。

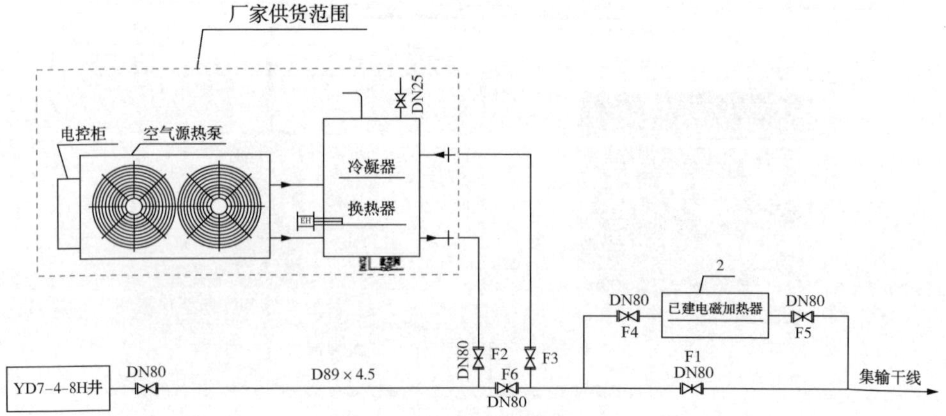

图 3-11 空气能加热装置工艺流程图

空气源热泵投产应用，设备运行正常，基本满足现场加热需求。集气站空气能加热装置采用间接加热方式，天然气进入气水换热器中从30℃被加热到55℃左右；恒温水箱(储热水箱)中的防冻液通过循环泵加压后送入气水换热器，换热后的低温防冻液(60℃)进入空气源热泵，空气源热泵将低温防冻液加热到70℃后进入水箱。

12.3　实施效果

(1) 经济效益

已投运1台400kW(集气站)和2台60kW的空气源热泵，2023年1—10月，空气源热泵清洁能源利用量247.58tce。运行情况见表3-6。

表3-6　空气源热泵运行情况

序号	项目名称	能源利用方式	年清洁能源利用量/tce	已利用清洁能源利用量/tce
1	1井空气余热项目	余热利用	34.31	14.24
2	2井空气余热项目	余热利用	26.20	6.91
3	集气站1空气余热项目	余热利用	518.91	226.43
合计			579.42	247.58

(2) 社会效益

2023年1—10月，空气源热泵清洁能源利用量占该二级单位清洁能源利用总量的13%，减少碳排放407.48t。

■ 13　组合式热泵技术

13.1　技措背景

某区块单井，采用空气源热泵+光热替代传统的燃气真空加热炉，可实现全天候加热需求。生活公寓采用光热+热泵+电加热的单套40m^3/d热水设备一套，替代传统燃气炉，满足公寓24h热水供应。光照条件充足时，实现光热用热水需求。采油气管理区生活区供暖，设计热负荷550kW，供回水温度：70/62℃。公寓、锅炉房、车库等用热区域，总计供暖面积约5300m^2，采用组合式热泵加热炉替代传统的燃气锅炉供暖，可以实现全天候加热需求。采油气管理区某生活区供暖，采用组合式热泵加热炉替代传统的燃气锅炉供暖，也可以实现全天候加热需求。

13.2 技措方案

（1）某采油气管理区单井，采用空气源热泵+光热替代传统的燃气真空加热炉。空气能加热装置由空气源热泵、太阳能集热器、循环泵、缓冲水箱、辅助电加热管、循环加热系统等组成。水箱中的防冻液（50℃）经过循环泵加压后进入气液换热器中把天然气从19℃加热到30～35℃；防冻液温度降低至45℃左右后回到太阳能集热器，空气源热泵作为备用热源和无光照期热源，热泵启停温度设置为47℃、55℃，防冻液被加热到50℃后回到水箱；电加热器设置在水箱中，启停温度分别为43℃、45℃，作为辅助热源，在热泵制热量不足、故障或加热负荷突增时启动。

（2）某生活公寓采用光热+热泵+电加热的单套40m^3/d热水设备一套，替代传统燃气炉。空气能+太阳能加热装置采用直接加热方式，加热装置由空气源热泵、太阳能集热器、循环泵、缓冲水箱、辅助电加热管、循环加热系统等组成。水箱中的热水（60℃）经过循环泵加压后进入公寓提供生活用水；生活用水首先由平板集热器提供热源，光照条件不足时由热泵提供热源；电加热器设置在水箱中，作为辅助热源，在热泵制热量不足、故障或负荷突增时启动。

（3）某采油气管理区生活区供暖，采用组合式热泵加热炉替代传统的燃气锅炉供暖。根据生活需要，供暖方式分为空气源热泵低温直供模式和空气源、水源热泵复叠高温供热模式，系统低温直供和高温供热模式由环境温度是否>-5℃自动切换。当环境温度高于-5℃并持续2h时，控制系统设置为空气源热泵低温直供模式工况，空气源热泵工频运行，制备55℃热水，回水温度40℃，流量30.5m^3/h。当环境温度低于-5℃并持续2h时，系统自动开启空气源热泵+水源热泵复叠高温供热模式，将系统分为高低温两级，一级低温空气源热泵工频运行，从环境空气中吸收热量，经热泵压缩机做功，制备20～25℃的温水；温水存储于15m^{3}蓄热水箱，设置维温及保温措施，配备40kW电加热器辅热，维持水箱内温度≥20℃，蓄热水箱作为二级水源热泵的低温热源，二级热泵经二次提热将水温提升至75℃，供室内末端持续恒温供热，末端采用散热片供热，自控系统温度控制点用热末端回水温度以55℃为基准。

（4）供暖方式分为低温直供模式和空气源、水源热泵复叠高温供热模式，系统低温直供模式和高温供热模式自动切换和运行，与某生活区供暖系统控制方式相同。

13.3　实施效果

某生活区采用组合式热泵技术，预计每年将节约燃气 $47.88\times10^4m^3$，节约运行费用数十万元，减少二氧化碳排放 1035t。通过使用组合式热泵技术，能源转换链条将由“热变电”过渡到“电变热”，为油田生产、生活提供所需的各类热量，以满足工艺用热、建筑供暖、生活热水和其他生产过程的热量需求，并减少化石燃料的消耗。

■ 14　零散气发电技术

14.1　轮南轮西区块案例

14.1.1　技措背景

某采油作业区集油站伴生气约 $3500\sim5000m^3/d$，自 2014 年集油站投产以来，伴生气采取第三方收气，仅 2019 年回收成本就高达 440 万元。

压缩机处理规模 $2.1\times10^4m^3/d$、工艺橇 $2.5\times10^4m^3/d$，主要包括 1 台 CNG 压缩机橇、1 台脱水脱烃橇，处理量 $(0.4\sim0.6)\times10^4m^3/d$，回收站运行成本达 12000 元/d，生产运行成本高。轮古 7 集油站伴生气作为加热炉燃料气（$300m^3/d$），其余部分作为火炬长明灯燃料，造成了大量资源浪费和大气污染。

14.1.2　技措方案

发电机供气由加热炉燃料气管线取气，经燃料气分离器气液分离后调压进入燃气发电机组，实现燃气发电量就地消纳。燃气发电工艺流程图如图 3-12 所示。

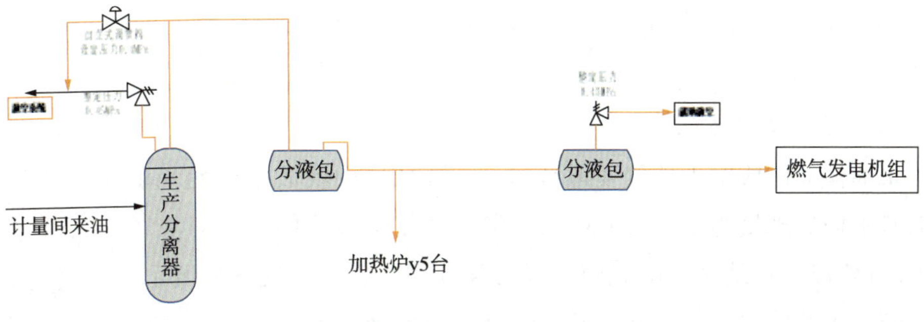

图 3-12　燃气发电工艺流程图

14.1.3　实施效果

（1）2021 年 1 月至 2022 年 8 月，共减少天然气放空量 $117×10^4m^3$、减少碳排放量 2530t。燃气发电数据统计表见表 3-7。

表 3-7　燃气发电数据统计表

2021 年		2022 年(1—8 月)	
减少天然气放空量/$×10^4m^3$	减少碳排放量/tce	减少天然气放空量/$×10^4m^3$	减少碳排放量/tce
76	1644	41	886

（2）节省零散气回收运行费用 440 万元，新增燃气发电运行费用近百万元，合计节省运行费用过百万元。

（3）2021 年 1 月至 2022 年 8 月，燃气发电机组共发电 $218×10^4kW·h$，节约网电费用 110 万元。

14.2　英买区块案例

14.2.1　技措背景

2020 年 10 月 26 日，发布《规范零散气回收管理工作指导意见(试行)》，要求工艺放空零散气原则上应做到 100%回收。单井零散气量 $\geqslant 1×10^4m^3/d$、硫化氢 $\leqslant 30000×10^{-6}$、连续生产 20d 以上，具备条件的做到应收尽收。单井零散气量 $<1×10^4m^3/d$，在满足环保效益前提下，优先选择区域集中回收。

联合站 2012 年 5 月投产，场站放空量约 $0.6×10^4m^3/d$，转油站 2012 年 5 月投产，场站放空量约 $0.8×10^4m^3/d$，场站不具备回收利用的能力。2020 年 10 月之前一直在放空燃烧，直接年经济损失约 294 万元(干气 0.945 元/m^3，湿气约 0.7 元/m^3)，伴生气未进行回收利用，造成能源浪费和温室气体的大量排放。

14.2.2　技措方案

采油作业区放空天然气发电技术，主要依靠回收放空天然气供发电机发电，分离脱水橇处理量为 $1.5×10^4m^3/d$，发电站位于采油作业区旁 CNG 站，于 2020 年 10 月建成。本站主要由脱硫、湿气预处理装置、湿气干燥脱水、发电设备以及配套的工艺管线组成。联合站来气(0.10～0.20MPa)经过预处理装置进行预分离，经计量后进入湿气脱水装置，进入发电机供发电机使用。

联合站大功率用电设备主要为注水泵，供电电压为10kV，鉴于以上情况，可以将发电机供电升压至10kV，天然气发电机每月发电量约为60×10^4kW·h，英潜联合站每月电力消耗约80×10^4kW·h，可以全部消耗燃气发电量。考虑到设备运行后，机组日常保养维护和检修都需要停机，机组模式为2组额定功率1000kW（四台发电机）、750kW（三台发电机）发电机，平时运行一备一用。

14.2.3　实施效果

（1）经济效益

联合站、转油站发电站每年发电约600×10^4kW·h，每年节省费用300万元。

（2）社会效益

减少二氧化碳排放，每年减少放空气约$200\times10^4m^3$，将放空气回收用于发电，降低环境污染。

（3）管理效益

采油作业区积极与油田各处室沟通，促成周边零散气回收规范管理，通过区域化管理，实现"减少队伍、减少放空点、减少放空气"。

■ 15　放空气回收技术

15.1　牙哈区块案例

15.1.1　技措背景

某凝析气田开发至中后期，部分采气井含水逐渐上升，地层压力降低。含水高并且地层压力低的气井，如果长期关井，会在井筒内形成液柱，在液柱的静压力下，井底的气体无法自喷至井口，造成井口油压降低甚至落零，需要进行气举作业才能恢复自喷生产。因气举作业费用较高，检修期间高含水井通常不关井，采用地面队方式生产，即井口介质经过油嘴节流后进入地面队分离器，分离的天然气就地放空，原油和水储存后进行拉运。这种地面队生产方式将造成大量的天然气资源被浪费，带来经济损失；且天然气长期燃烧，造成环境污染；牙哈单井周边农田众多，放空存在安全风险，烧到农作物易引发油地矛盾。因此有必要对检修放空气回收流程进行改造。

15.1.2 技措方案

在2022年停产检修期间对牙哈区块7口井进行集中分离及天然气回收，单井来气液混合流体通过已建放空气回收管网，进入高压分离器(单台设计压力：24.0MPa，气处理量：$150\times10^4m^3/d$，液处理量：$1000m^3/d$)进行集中分离，分离后的气相通过自压经出口管线进入西气东输管网进行外输(外输压力6.5~7.5MPa)；分离后的液相进入低压三相分离器(设计压力2.5MPa，气处理量$15\times10^4m^3/d$，液处理量$2300m^3/d$)进行再次分离，分离后的油进入环保罐(3台×$50m^3$)并通过油罐车装车外运；分离后的水通过注水管线进行回注。圆满完成检修放空气回收工作。

15.1.3 实施效果

(1) 投入成本

① 检修期间单井放空气回收量通过井放空气回收装置流量计计量计算，地面队一天费用约为1.5万元，井放空气回收装置8d累计费用约12万元。

② 放空气流程改造建设、气田水管线改造建设费用约15万元，柔性复合管、弯头、阀门等材料费约45万元。

(2) 节约能耗

2022年检修期间累计回收放空气约$300\times10^4m^3$，折合3990tce，减少碳排放约6500t。

15.2 塔中区块案例

15.2.1 技措背景

塔中某气田属于碳酸盐岩油气藏，生产初期油压高、产量高，随着开发的不断深入，油压、产量快速下降，新井进入系统平均生产周期约为233d，大批量单井只能进入低压系统生产。针对碳酸盐岩地质油藏特性，为避免低压单井直接放空生产，塔中采油气管理区自2010年起开展零散气回收工作，主要采用委托加工处理模式，即承包商自建撬装压缩机组增压回收，采取“设备租赁+劳务运行”日费以及“气量单价”模式，大大降低了二氧化碳的排放量，并有效缓解了油田投资压力。

由于先期建站处于“大干快上”开发阶段，工艺流程考虑不完善，零散气回收站点的压缩机级间排污气直接进入放空系统，既造成了天然气资源的浪费，又增加了二氧化碳的排放量。

15.2.2 技措方案

(1) 压力下降无法进入系统生产的单井

当单井油压接近或低于系统生产背压时，如需继续生产，只能进行低压放空生产，对于此类单井，可根据该单井所在区块的生产情况，统筹规划建立配套规模的零散气回收站点，在增油增气上产的同时，降低二氧化碳的排放量。

(2) 多级增压的压缩机站点

零散气回收站点进气压力低、外输背压高，基本都需要多级增压，塔中片区回收站点压缩机基本为四级增压，压缩机二、三、四级的级间排污天然气压力等级相对较高，可将其排污流程单独引入压缩机进气生产流程，实现排污气的再回收。

(3) 火炬放空气回收

厂区高、低压放空气分别经过高压放空气管道和酸气放空气管道进入高压放空水封罐和酸气放空水封罐。高压放空水封罐设三组气动切断阀，酸气放空水封罐设一组气动切断阀。当放空气压力高于设定压力值(8kPa)时，切断阀连锁自动打开，放空气放空至火炬燃烧。放空气经过水封罐截断、增压，进入旋风分离器，对高低压放空气进行气液分离，气相进入螺杆压缩机组，放空气由2kPa增压至0.4MPa后进入压缩机后端的缓冲罐，再经调压阀调压至0.3MPa后输送至站内重力分离器。

水封罐中添加防冻液，定期测试冰点，并进行电伴热保温，防止冬季冻堵。在正常运行时，对高低压放空气进行水封截断、增压，在装置紧急放空时，放空气压力超过10kPa，放空气能突破水封进入火炬，且切断阀及水封罐设计满足装置最大放空气量要求。放空气回收系统各容器和压缩机组设排污管线，排污至混烃罐，混烃罐液体经泵输送至卸油台，实现常压火炬放空气和凝液回收。

15.2.3 实施效果

塔中采油气管理区截至目前已根据区块建有回收站点15个，日回收规模最高可达$175\times10^4m^3$，近三年累计回收零散气$8.2\times10^8m^3$，累计减排二氧化碳177.28×10^4t。

塔中采油气管理区2022年已完成40台在运压缩机的级间排污改造，已回收天然气$159.41\times10^4m^3$，减排二氧化碳3437t。

第二节 处理系统篇

■ 1 乙烷回收低碳节能技术

1.1 技措背景

塔里木油田于 2017 年 8 月 30 日建成投产了某轻烃回收工厂，生产 LPG 和稳定轻烃产品，但是回收过后的天然气中仍含有大量的乙烷(体积含量 6.20%~6.48%)未予回收，为充分发挥一体化优势，提高上下游整体经济效益，塔里木油田公司在充分总结多年来轻烃回收经验的基础上扩建乙烷回收工厂。

1.2 技措方案

针对国内天然气乙烷回收装置规模小能耗高，不适用于塔里木大规模天然气深冷加工的现状，持续开展天然气深冷工艺研究，在乙烷回收工艺中采用夹点分析及㶲分析研究，优化换热网络，首创“丙烷制冷系统+脱甲烷塔底能量耦合和外输气压缩机出口气体余热利用”能量集成利用技术，实现能量综合利用。

技术特点：

(1) 利用热虹吸原理将装置供冷系统和用热系统连接，回收系统冷量的同时充分降低用热负荷。

(2) 首次利用夹点、㶲分析技术判别用能的薄弱环节。

(3) 关键工艺采用参数辨识法，系统分析分离效率和能耗影响规律。

(4) 采用动态仿真模拟技术计算乙烷回收装置各节点的能耗点和能耗值，从耗能角度分析，以能耗和㶲损最小为目标优化工艺参数。

脱甲烷塔采用两股侧抽，充分回收系统冷量，同时降低塔底重沸器负荷。具体流程为从脱甲烷塔侧线抽出两股低温物流至冷箱换热，加热后返回脱甲烷塔，作为脱甲烷塔加热热源，采用1台板翅式换热器实现上述多股流的换热，提高了换热效率。侧抽1和侧抽2回收冷量分别为4260kW和4212kW，用于原料气预冷。

脱甲烷塔重沸器利用丙烷制冷系统压缩后的高温丙烷加热，降低热负荷需求。丙烷经过离心式压缩机增压后温度78℃，经空冷器冷凝为液体后进入接收罐，经多次节流换热后为冷箱提供冷量。将离心式丙烷压缩机增压后的一部分丙烷气作为脱甲烷塔重沸器的补充热源，有效利用热量的同时降低空冷器负荷，脱甲烷塔重沸器利用丙烷制冷系统压缩后的高温丙烷加热，降低热负荷需求5051kW。

采用丙烷热泵系统，将脱甲烷塔底提供的冷量和脱乙烷塔顶冷凝器需求冷量耦合降低能耗。丙烷热泵系统采用螺杆压缩机，为脱乙烷塔顶冷凝器提供-8.5℃温位的冷量，但是螺杆压缩机出口温度为45℃，需要开工水冷器将高温高压丙烷进行冷却。本项目利用脱甲烷塔重沸器的冷量对螺杆机出口的丙烷进行降温，降低开工水冷器运行负荷的同时，也满足了脱甲烷塔重沸器的热负荷需求。采用丙烷热泵系统，将脱甲烷塔底提供的冷量和脱乙烷塔顶冷凝器需求冷量耦合，降低热负荷3031kW，提供冷负荷2650kW。

天然气压缩机出口设置余热回收换热器，对采暖水进行预热，回收热量。从乙烷回收装置来$1362\times10^4m^3/d$的2.78MPa、27℃的天然气，进入天然气增压装置两组天然气压缩机增压到6.4MPa、100℃后，先经过产品气余热回收换热器冷却至78℃（将60℃热水加热至85℃）后，再进入压缩机出口空冷器，产品气被冷却至40℃，一部分返回乙烷回收装置作为回流干气，剩余大部分作为产品气外输，乙烷回收装置外输压缩机出口设置余热回收换热器，对采暖水进行预热，两台机组回收热量2×5550kW，同时降低了换热站导热油的耗量，节省燃料气。

1.3　实施效果

针对国内现有乙烷回收装置能耗高的问题，“丙烷制冷系统+脱甲烷塔底能量耦合和外输气压缩机出口气体余热利用”集中工艺，将产品单位能耗降至0.142tce/t，属国内同类装置最低。装置能耗对比表见表3-8。

表 3-8　装置能耗对比表

装置名称	电耗/ $\times10^4$kW·h	燃料气/ $\times10^4m^3$	乙烷产量/ $\times10^4$t	实际能耗/ tce	乙烷单耗/ (tce/t)
某乙烷回收厂	8802.7	791.84	14.49	20433.8	0.142
长庆某天然气处理厂	75000	6890	105.27	175840	0.167
新疆某气田乙烷回收工程	3498.3	604.8	5.11	8758.72	0.171
新疆某气田乙烷回收工程	3873.1	242.74	3.59	5885.52	0.164

■ 2　采出水余热利用技术

2.1　技措背景

某处理站的转油站主要对解放渠东油田原油、天然气、污水进行集中处理，其中原油约60t/d、天然气约 $1.2\times10^4m^3$/d、污水约 $950m^3$/d。原油经脱水后输送至桑南处理站集中处理，天然气自压输送至桑南处理站集中处理，污水处理合格后通过某油田 4 口注水井进行地质注水。某油田采出水温度约 55～60℃，详见表 3-9。

表 3-9　某油田 2021 年采出水温度摸排表

月份	来液平均量/(m^3/d)	进站阀组平均温度/℃	三相分离器水相出口/℃	备注
1	1014	60	59	
2	954	56	55	
3	1105	59	57	
4	1017	60	58	
5	854	62	61	
6	712	65	64	检修
7	889	64	64	
8	940	61	60	
9	1058	61	59	
10	1077	60	60	
11	996	60	58	
12	1210	61	60	
平均	985	60.9	59.6	

转油站采暖系统热负荷较低，但能耗较高，具体详见表 3-10。

表 3-10 转油站采暖设备及热负荷现状表

序号	采暖/热负荷设备	数量	备注
1	真空加热炉	2 台	ZS500/2.5-Q500kW/t
2	采暖循环泵	2 台	YBS-180M-222kW
3	暖气片	78 个	16 个房间

转油站冬季运行 2 台真空加热炉、1 台采暖循环泵，消耗天然气约 3000m^3/d，冬季采暖水温度约 45~55℃（给水温度 55℃、回水温度 45℃）。解放渠东油田采出水温度平均约 60℃，高于采暖系统所需温度要求，具备地层水余热利用的价值及可能性。

2.2 技措方案

利旧 2 台 U 型换热器安装至转油站，连接至三相分离器水相出口工艺流程上。采取“地层水热源并联、采暖水串联”的换热形式，保证最大换热效率。

换热器工艺流程图如图 3-13 所示。

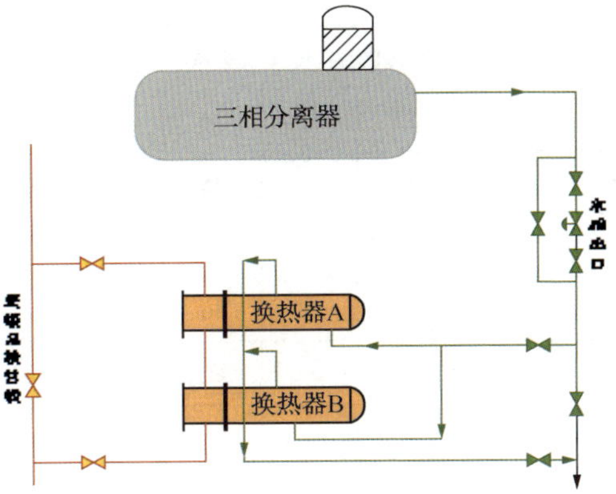

图 3-13 换热器工艺流程图

2.3 实施效果

分三步实施探索验证，具体为：第一阶段 9 月 1 日至 9 月 10 日，仅投运采出水换热器；第二阶段 9 月 11 日至 9 月 20 日投运采出水换热器及 1 台真空加热炉；第三阶段 2022 年 10 月 15 日至 2023 年 3 月 15 日，根据冬季运行现状，持续验证采暖系统运行模式。通过前两阶段试运，连续监测换热器及采暖水温度，具体数据见表 3-11。

表 3-11　换热器及采暖水温度监测统计表

序号	地层水进换热器/℃			地层水出换热器/℃			采暖水进换热器/℃			采暖水出换热器/℃		
	早	中	晚	早	中	晚	早	中	晚	早	中	晚
第一阶段 9 月 1 日至 9 月 10 日												
1	60	61	61	47	51	51	21	44	45	45	50	52
2	61	60	62	49	49	52	43	44	45	49	50	52
3	60	60	62	48	50	52	43	45	44	48	49	51
4	60	60	61	48	51	51	43	45	44	48	51	51
5	61	61	62	49	51	51	44	45	45	49	52	52
6	60	60	60	48	50	50	43	44	44	48	50	50
7	61	61	61	49	52	2	44	45	45	49	52	52
8	61	61	61	49	52	52	44	44	44	49	51	51
9	61	61	61	49	52	52	44	45	44	49	52	52
10	61	61	61	48	52	52	43	45	45	48	51	52
第二阶段 9 月 11 日至 9 月 20 日												
1	60	61	61	52	53	53	46	47	47	52	53	53
2	61	61	61	51	52	53	45	46	46	51	52	53
3	61	61	61	52	52	53	46	47	46	52	52	53
4	60	60	61	52	53	53	46	47	47	52	53	53
5	61	61	61	51	53	53	45	47	47	51	53	53
6	61	61	60	51	53	52	45	47	47	51	53	52
7	60	61	61	52	53	52	45	46	46	52	53	52
8	60	61	61	52	53	53	46	46	46	52	53	53
9	61	61	60	52	53	53	45	47	47	52	53	53
10	61	61	60	52	53	53	45	47	47	52	53	53

经过前两阶段的实际验证及温度监测统计分析，采暖水温度由 43.4℃提升至 50.2℃，未达到冬季运行 55℃的要求，继续进行了第三阶段的探索，具体数据见表 3-12。

表 3-12　换热器及采暖水温度监测统计表

第三阶段 2022 年 10 月 15 日至 2023 年 3 月 15 日									
序号	采暖水进换热器/℃			采暖水出换热器/℃			采暖水出加热炉/℃		
	早	中	晚	早	中	晚	早	中	晚
1	46	47	47	52	53	53	55	55	55
2	45	46	46	51	52	53	55	55	55
3	46	47	46	52	52	53	55	55	55
4	46	47	47	52	53	53	55	55	55
5	45	47	47	51	53	53	55	55	55
6	45	47	47	51	53	52	55	55	55
7	45	46	46	52	53	52	55	55	55
8	46	46	46	52	53	53	55	55	55
9	45	47	47	52	53	53	55	55	55
10	45	47	47	52	53	53	55	55	55

采暖水由 46.2℃，提升至 52.4℃，通过启运 1 台加热炉实现二次提温，达到 55℃，满足冬季采暖系统运行要求。采暖水温度经换热后平均提升 6℃，基本实现换热提温的效果，再利用加热炉补充热能，保证装置冬季运行所需温度。

通过项目实施，减少 1 台真空加热炉运行，减少燃气消耗 1500m³/d，减少燃气费用数十万元/a，碳减排 1183t/a，为油田相关单位探索实践余热利用提供了经验借鉴。

3　导热油炉烟气余热回收技术

3.1　技措背景

油气装置生产现场导热油炉烟气温度可达 350℃，烟气直接通过大气排放，造成热量浪费，因此，如何有效利用烟气余热成为提高有机热载体炉热效率的关键。若能将这部分热量有效回收利用，既节省燃料费用，降低生产成本，又减少废气排放，实现节能环保，一举两得，符合国家节能环保的政策要求。

3.2　技措方案

按照《锅炉节能技术监督管理规程》第二十三条“以天然气为燃料的锅炉，宜采用半冷凝或者全冷凝尾部热交换装置，回收烟气中的热量”中的要求对某处理站的3台有机热载体炉进行节能改造。利用高温热风型燃烧器(助燃空气温度达250℃)替换原有燃烧器，安装空气预热器加热进有机热载体炉的空气，再回炉助燃。利用高温烟气热源进行热交换，以提高加热炉进风温度，强化和促进燃烧，有利于燃料燃尽，减少固体未完全燃烧损失，提高燃烧效率，特别是对挥发性较低、含水量较高的燃料效果更显著。利用空气预热器降低了加热炉排烟温度，减少了排烟热损失，从而提高了加热炉热效率。节能改造内容包括：加热炉更换热风型燃烧器，燃烧器配带相应鼓风机，加装空气预热器、风道。

空气预热器安装在加热炉烟囱上。环境温度下清洁空气在鼓风机作用下，流经空气预热器后温度升高。加热后的清洁空气由风道送入加热炉燃烧器进风口。

空气：由鼓风机将环境空气增压送入空气预热器，经预热后的空气由风道送入加热炉燃烧器进风口。

烟气：燃烧生成的烟气经加热炉受热面吸热后，进入空气预热器，烟温下降后排入大气。

利用烟气余热、降低排烟温度是提高加热炉热效率的一项主要措施，可在不改变加热炉主体结构的情况下提高燃烧效率。

3.3 实施效果

某处理站单台7200kW加热炉，排烟温度330℃，可提升助燃空气温度120℃，提高热效率5%。

7200kW加热炉热效率为82%时燃气耗量：$(8800\times3.6)/35.8=885\text{Nm}^3/\text{h}$

7200kW加热炉热效率为87%时燃气耗量：$(8300\times3.6)/35.8=835\text{Nm}^3/\text{h}$

每年节省燃气量：$(885-835)\times24\times365=438000\text{Nm}^3$

每年节省燃气成本数十万元，减少导热油系统碳排放量947t。

■ 4 压缩机无级气量调节技术

4.1 技措背景

往复式压缩机依靠气缸内活塞的往复运动来压缩缸内气体，在气阀的配合作用下，实现气体的吸入、压缩和排出，从而提高气体压力，满足工艺生产要求。一般情况下往复式压缩机是根据用气装置的最大容积流量来设计的，而实际生产过程中由于工艺流程的变化、原料种类的不同，往复式压缩机有可能长期处在低于设计排量的工况下，富余的气体只能排放或者回流，导致能源的浪费。这样就需要对压缩机进行气量调节，以使得压缩机排气量适应实际的耗气量，同时保持工艺管网的压力稳定。

往复式压缩机气量调节主要方法有：转速调节、余隙调节、旁通调节和顶开进气阀调节。应用最广泛的是旁通调节方法，这种调节对原设备改造简单、方便，可以达到气量调节的目的，但是压缩机始终处于满负荷状态下运行，不具有节能效果，经济性较差。

4.2 技措方案

往复式压缩机气量调节的最佳方法是基于顶开进气阀的“回流省功”原理，通过顶开进气阀进行气量调节，在往复式压缩机进气过程结束后利用外力强制顶开进气阀，实现气量无级调节和节能的效果。无级调节系统工作示意图如图 3-14所示。

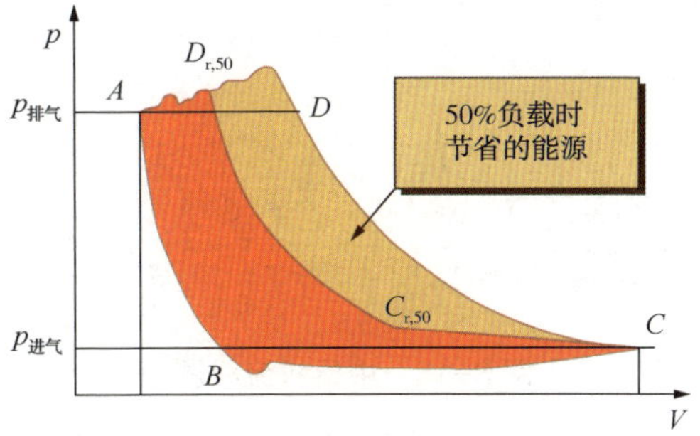

图 3-14 无级调节系统工作示意图

(1) 膨胀过程：如图 3-14 中 $A-B$ 曲线所示，此时压缩机的进气阀和排气阀均处于正常的关闭状态。

(2) 进气过程：如 $B-C$ 曲线所示，此时进气阀在气缸内外压差的作用下开启，进气管线中的气体通过进气阀进入气缸，至 C 点完成相当于气缸 100%容积流量的进气量，进气阀关闭；$C-D$ 为压缩曲线，气缸内的气体在活塞的作用下压缩达到排气压力。

(3) 排气过程：$D-A$ 为排气阀打开，被压缩的气体经过排气阀进入下一级过程。如果在进气过程到达 C 后，进气阀在执行机构作用下仍被强制地保持开启状态，那么压缩过程并不能沿原压缩曲线由位置 C 到位置 D，而是先由位置 C 到达位置 C_r，此时原吸入气缸中的部分气体通过被顶开的进气阀回流到进气管而不被压缩。

(4) 压缩过程：待活塞运动到特定的位置 C_r(对应所要求的气量)时，执行机构使顶开进气阀片的强制外力消失，进气阀片回落到阀座上而关闭，气缸内剩余的气体开始被压缩，压缩过程开始沿着位置 C_r 到达位置 D_r。气体达到额定排气压力后从排气阀排出，容积流量减少。

这种调节方法的优点是压缩机的指示功消耗与实际容积流量成正比，是一种简单高效的压缩机流量调节方式。

某处理站的中压机为成都压缩机厂的往复式压缩机，单台功率 710kW，设计最大进气量 11576Nm^3/h，2 用 1 备，全年耗电量 1043.2×10^{4}kW·h，是处理站耗能大户。在运行过程中，压缩机出口回流阀 PV3003B 在 70%开度以上，压缩机在压缩过程中做了大量无用功，即“一台运行吃不下，两台运行吃不饱”，造成了很大一部分能耗的浪费。中压机流程图如图 3-15 所示。

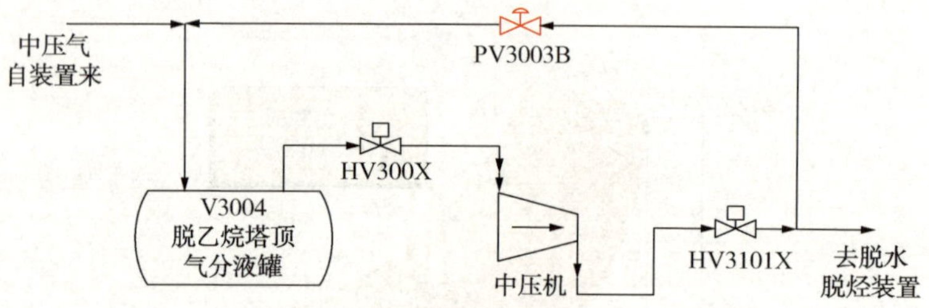

图 3-15 中压机流程图

为解决上述问题，处理站于 2018 年对 5#中压机进行改造，首次安装无级气量调节系统。根据气量变化在主控室调节气阀开度，通过控制进气阀来控制压缩气体的量，从而实现“回流省功”，降低压缩机的负荷。

4.3 实施效果

改造后，系统运行稳定，可以实现压缩机的气量无级调节，各级入口压力和流量等参数稳定。

(1) 机组电流明显降低，试运期间最低实现电流从 40A 降至 27A。

(2) K-3005 进气流量稳定在 4500~5000m^3/h，改造前气量 10900m^3/h。

(3) 机组回流补压阀 PV3003B 开度明显降低，系统平稳后，补压阀开度在 5%~40%间随气量波动，较改造前 70%~75%有明显下降。

(4) 现场电表显示，改造前 K-3005 平均日耗电约 14300kW·h，改造后降至约 8100kW·h，日节电约 6200kW·h。

(5) 每年节约电量 2263000kW·h，节约电费超百万元。

5　压缩机节能降耗优化改造技术

5.1　技措背景

某中联合站作为一个油气处理单元，整个联合站有 12 台往复式压缩机，设计运行压力从 0.8～40MPa 不等，功率从 150～1400kW 不等，主要作用体现在系统增压、气举、注气等方面，是某一联合站关键性设备。

联合站的往复式压缩机全部采用电机驱动，是某一联合站主要的耗能设备。对 2021 年全年能耗统计，发现 12 台压缩机的耗电量占整个某一联合站的 65%，达到 4000×10^4kW·h。因此，针对性开展压缩机优化改造，对于降低某一联合站的电力消耗，实现节能降碳具有现实和长远意义。

5.2　技措方案

（1）调节压缩机余隙

根据工艺运行实际处理量与压缩机设计的差距，及时调节压缩机余隙，使工艺运行的实际处理量尽可能与压缩机设计处理能力匹配，减少压缩机“打回流”，提升压缩机实际效率。以某联合站低压机为例，压缩机设计处理能力为 $5\times10^4m^3/d$，实际工艺处理量为 1.5×10^4～$2\times10^4m^3/d$，实际处理量只有设计处理量的 1/3，绝大部分都是通过“打回流”来满足压缩机的平稳运行。

联合站通过技术分析，根据现场的实际工况，采用及时调整压缩机余隙的办法提升压缩机的有效实际效率。在调整余隙前，低压机回流阀开度在 60%左右，电机电流在 175A 左右，通过理论计算和现场的试验，把压缩机余隙调到最大，降低处理量至设计处理量的 75%左右，电流由原来的 228A 降至 208A，仅此一项，低压机全年实际可节约电量 12.6×10^4kW·h。

（2）压缩机双作用改单作用

把压缩机双作用改为单作用，相当于余隙调节的升级版，其主要原理是，通过拆除压缩缸曲柄端 2 只进气阀，改变机组旋转 1 周的做功次数，将原本旋转 1 周做功 2 次，改为旋转 1 周做功 1 次。

为保证压缩机的安全平稳，某联合站首先通过理论计算，确定改造的可行性和安全性。其次，又对站里运行的 5 台机子进行对比分析，同样选择低压机作为实验压缩机，主要原因是低压机运行压力低（0.8MPa），并且工艺相对简单，只有一级压缩机。通过改造，将低压机双作用改为单作用，每年可节约电量

44.15×10^4kW·h。

（3）压缩机电机改变频

联合站低压机经过调节余隙、双作用改单作用后，有效实际效率得到了较大的提升，但是还有提升空间。经过现场的调研和兄弟站队的对标，参照兄弟站队的做法，对压缩机进行变频改造。

5.3 实施效果

（1）联合站共计 12 台往复式压缩机，常年运行的 5 台，通过精细化运行，根据处理量及时调整压缩机余隙，每年可节约电量 82.1×10^4kW·h。

（2）精选 120 万装置高压机 A 机由双作用改为单作用，改造后运行电流由 70A 下降至 52A，每年可节约电量 763×10^4kW·h。

（3）通过设计和选型，对某联合站低压机增加一套变频设备，实现电机转速 694~991r/min 连续性调节，彻底解决了低压机设计处理量与工艺运行不匹配的问题，电机的电流也从单作用运行时的 140A 降低至现在的 100A 左右，全年可节约电量 25.3×10^4kW·h。

■ 6 闪蒸气回收技术

6.1 技措背景

某处理站原设计高低压闪蒸气通过高低压燃料气系统回收利用，供单井和站内使用；2018 年下半年，随着博孜新区勘探开发不断深入，大量单井接入流程进站生产，导致凝析油进站量增加，凝析油装置闪蒸气量大幅增加，当闪蒸气量大于自耗气使用量时，闪蒸气通过火炬放空。

博孜区块来气进入博孜 1 集气站计量分离器和气液分离器，分离出来的液相进入一级闪蒸和二级闪蒸，闪蒸后的油水混合物进入博孜 1 集气站内 10 座油水储罐及油水储罐区内的 10 座储罐储存，通过密闭定量装车系统定期拉运至大宛齐联合站或某力处理厂。每天进入博孜 1 集气站的天然气约 $800\times10^4m^3$，分离出凝析油 660t，产生闪蒸气约 $8\times10^4m^3$，一级闪蒸与二级闪蒸后的天然气进入火炬放空。

6.2 技措方案

博大采油气管理区目前已采取 7 项措施，结合博孜大北片区现场生产运行工况，对应现场低压气回收难点，逐步解决低压气放空损耗问题，效果较为明显。

（1）利旧螺杆压缩机回收

为减少低压火炬持续放空，2017 年 11 月利旧原作业区螺杆压缩机回收凝析油单元三级低压闪蒸气，回收能力为 $0.86\times10^4m^3/d$。实施后，2017 年 11 月至 2020 年 12 月，最高回收量 $0.8\times10^4m^3/d$，累计回收闪蒸气 $562\times10^4m^3$。

（2）新增燃气压缩机回收

2018 年 10 月，对大北处理站高压燃料气罐出口管线实施改造，新增闪蒸气去燃气回收流程，将站内富余高压闪蒸气进行回收，减少高压放空量，改造前回收能力为 $2\times10^4m^3/d$，2021 年天山燃气新增 1 台压缩机后，目前最大回收能力达到 $5\times10^4m^3/d$。

（3）新增压缩机回收

2020 年 5 月，建成能源闪蒸气回收项目并投产，其中高压压缩机 2 台，回收能力 $5.5\times10^4m^3/d$；低压压缩机 1 台，回收能力 $1.2\times10^4m^3/d$。2020 年 9 月，扩建高压压缩机一台，回收能力 $3.1\times10^4m^3/d$，截至 2023 年底，累计回收闪蒸气 $2718\times10^4m^3$。

（4）新建混烃回收项目

2020 年 9 月，建设并投产混烃回收装置，包含 4 个混烃储罐，并配套建设两套装车鹤管，混烃回收能力 80t/d；2020 年 12 月，大北处理站扩建 2 座混烃储罐，回收能力提高至 248t/d。截至 2023 年底，累计回收混烃 8.42×10^4t，凝析油闪蒸负荷降低，低压火炬无放空现象。

（5）新增闪蒸气回收项目

建设闪蒸气回收站：因闪蒸气组分变富，利旧柯克亚螺杆压缩机和螺杆压缩机机油乳化严重，频繁更换润滑油，运行不稳定，低压火炬频繁放空，2020 年 10 月建设并投产罗茨风机并配套高压压缩机，低压回收能力 $2\times10^4m^3/d$，截至 2023 年底，累计回收低压闪蒸气 $482\times10^4m^3$。

建设排水采气增压站：为配合排水采气，提高气田采收率，2021 年 12 月，建设并投产排水采气增压站，包含高压压缩机 3 台、三相分离器 1 台、气田水分离能力 $1000m^3/d$，闪蒸回收能力 $30\times10^4m^3/d$，截至 2023 年底已分离气田水 $6.8\times10^4m^3$。

（6）TEG 闪蒸罐闪蒸气流程改造

2021 年三甘醇脱水装置投产，原设计三甘醇不凝气分液罐气相进入低压火炬，但三甘醇带烃严重，不凝气增多，导致火炬频繁冒黑烟、部分导入地坑，致使地坑火势变大。为此，将 TEG 闪蒸罐闪蒸气改至低压燃料气罐流程，利用导热油炉、三甘醇火管和火炬长明灯等进行消耗，不再进罗茨风机回收，压缩机负荷降低，不凝气被完全回收。

(7) 其他闪蒸气回收措施

① 工程配套博孜区域闪蒸气回收流程，不等不靠消除压缩机故障，启机回收闪蒸气。

② 自主建设某集气站 $9.6\times10^4m^3$ 闪蒸气回收工艺。

③ 优化流程，实现两个集气站闪蒸气回收流程互联互通。

④ 改造压缩机流程，放大压缩机排液管径，多级分液，彻底解决排液不畅问题，实现压缩机平稳运行。

⑤ 调整工艺参数，升高一闪调压放空压力，使尽可能多的放空气进入压缩机。

⑥ 摸索压缩机进气量控制，实现两台压缩机变频进气，消除“一台吃不完，两台吃不饱”问题。

⑦ 优化工艺，将二闪接入低压压缩机，实现放空气全回收。

6.3 实施效果

上述措施实施后，全面消除现场火炬带黑烟现象，同时降低脱水脱烃装置设备运行负荷，提高博大气田产能。2022 年博孜区域回收天然气 $7.3\times10^4m^3/d$，火炬异常放空和地火被消灭；大北处理站回收气量平均 $20.31\times10^4m^3/d$，2022 年 1 月至 9 月 15 日，累计回收天然气约 $6500\times10^4m^3$。

■ 7 火炬熄灭及自动点火技术

7.1 英买区块案例

7.1.1 技措背景

某处理站作业区采用滚动开发模式，管辖数十个油气藏，位置相对分散。2021 年时，共设有 13 座连续燃烧的火炬，天然气放空达约 $860\times10^4m^3$，折算能耗 11424.7tce、碳排放约 2×10^4t，分别占能耗、碳排放总量的 30.2%和 18.4%，均属于无用耗能。其中，处理站大小火炬、玉东 7 转油站、羊塔 1 增压站、某 7 转油站等 5 座火炬原设计均采用长明灯，按照碳减排要求，需要进行自动点火系统改造；因羊塔 5 试采原设计为地火放空，需增设简易自动点火橇。为了能在碳减排的同时，准确地计量碳排放量，需要在增压站、转油站放空管线上安装流量计。

(1) 处理站高、低压火炬现状

① 长明灯设计，无法进行自动点火；燃料气放空量约 2800Nm³/d。

② 高空点火器、热电偶及高压电缆使用时间较长，不满足自动点火性能要求。

③ 放空管线上未安装流量开关，无法检测放空气。

(2) 某 7 转油站火炬

① 长明灯设计，无法进行自动点火；燃料气放空量约 370Nm³/d。

② 放空管线上未安装流量计。

(3) 试采点火炬

① 原有火炬为 2009 年安装投产，现有设备不满足要求；燃料气放空量约 370Nm³/d。

② 2020 年设计为地火装置，无法进行自动点火。

③ 放空管线无流量计。

(4) 某 465 转油站火炬

① 自动点火设施齐全，目前已按照自动点火模式运行。

② 未安装放空流量计，无法进行碳排放计量。

(5) 1 增压站火炬

① 长明灯设计，无法进行自动点火；燃料气放空量约 370Nm³/d。

② 未安装流量开关与放空流量计，无法进行放空联锁检测与碳排放计量。

(6) 2 增压站

① 燃料气放空量约 151Nm³/d。

② 未安装放空流量计。

7.1.2 技措方案

对火炬进行改造，当放空管线内有气流通过时，流量开关检测到气体流量，便可自动启动点火程序将火炬点燃，在消除天然气进入大气中带来爆燃安全风险的同时，达到消灭“长明灯”、减少天然气浪费的目的。

在放空管线上设置放空流量计，可在达到碳减排目的的同时，准确地计量碳排放量，对节能减排实现数据量化。

安全排放火炬气自动点火系统可在工艺生产必要时或事故状态时远程自动点

燃火炬，用以实现远程自动点火，满足场站无人值守的要求。火炬系统优质高效运行也能为油田集输厂站提供安全环保屏障。

7.1.3　实施效果

2022年上半年已完成某处理站以及站外转油站、试采点、增压站共6座场站的火炬自动点火改造，对已建火炬增加流量开关、自动点火控制箱以及紫外线火焰探测器，增压站除完成自动点火改造外，还增设了放空流量计。

通过以上措施，约减少长明灯燃料气2100m^3/d，折合每天减少能耗2.79tce、碳排放4.54t。

7.2　柯克亚区块案例

7.2.1　技措背景

某油气处理厂2021年3月建成投产，生产运行负荷低(40%)，动设备多，生产调整频繁，应急放空系统主要有高压、低压放空系统两套，为保障生产调整期间的零星放空、紧急放空正常点火，火炬长明灯一直处于点亮状态，长明灯燃料气消耗：70m^3/h，$61.32\times10^4m^3/a$，折算碳排放1325.74t/a。

经过综合分析，投产以来长明灯不能熄灭的主要原因为：

① 运行方面：压缩机非计划停机次数多、仪表故障率高、运行调整，放空需求较多；②装置设备：装置自动放空点(7个)、安全阀(138个)、排污系统(一套)——系统内漏；③技术方面：放空火炬点火系统不能实现自动点火功能(点火条件的设计)。

7.2.2　技措方案

针对长明灯的问题，提炼总结出“动静结合、精准点火”工作法，全面解决放空火炬长明灯不能熄灭问题。

解决措施：①落实特护管理制度，严格执行特护管理制度，坚持每月召开大机组、电气仪表特护会，研讨和制定大型机组、电气仪表日常管理、隐患排查、问题整改等工作；②人工动态监测机泵设备，将61台动设备录入到系统；③每月与厂家远程会诊，提高设备运行水平。编制电气仪表专项提升方案，精细管控电气仪表效果：故障停机次数由2021年6.5次/月下降至2022年0.3次/月，形成操作经验库，提高压缩机组运行时率。

查漏排漏，优化调整——清除装置和设备静态逃逸量

做法：①优化工艺流程2项，回收膨胀机密封气、污油污水闪蒸气，减少

$190m^3/h$；②排查138项安全阀内漏情况，更换内漏安全阀2处；③优化放空调节阀7处，对放空调节阀行程进行调节降低内漏量。

自动点火——放空双检测、高可靠触发点火，实现放空火炬全自动点火

做法：①根据高低压火炬放空量设定触发放空条件，设计火焰检测、点火动作、点火反馈、点火失效、手动/自动、远程/就地程序并进行现场调试；②组织施工技术人员按照点火条件及放空要求完成施工；③对操作人员进行使用培训。

7.2.3 实施效果

(1) 社会效益：降低污染环境的风险，提升企业管理形象；提高轻烃回收石油液体量/外输气量，年回收天然气量可供柯克亚处理站2天外输气量，经济效益数十万元。

(2) 环保效益：每年碳排放量减少1325.74t，占全年降碳量的4.1%，碳排放效益近10万元。

(3) 推广情况：目前已在柯克亚处理站高低压放空火炬系统运行61天，回收天然气约$10\times10^4m^3$，计划在今年储气库项目中，使放空火炬实现自动点火，熄灭长明灯。

8 等离子火炬熄灭技术

8.1 技措背景

某采油气管理区塔中高含硫、工艺复杂，目前仍有长明火炬27座，其中联合处理站6座，站外集气站21座。

(1) 存在安全风险。含硫火炬介质平均硫化氢含量8000ppm，每年风沙天气达6个月，火炬一旦熄灭将带来人员硫化氢中毒的风险。据统计，近年来每年都有火炬意外熄灭情况发生。

(2) 能量浪费和环境污染。管理区长明灯天然气消耗每年$368\times10^4m^3$，相当于年消耗能量4628tce、二氧化碳排放7523t，同时产生大量氮氧化物和二氧化硫等环境污染物。

8.2 技措方案

(1) 技术措施

在集气站将传统天然气长明灯更换为等离子火炬长明灯。等离子长明灯原理：通过特种专利技术控制高能电场的电压及放电方式，在点火枪上形成稳定的

等离子电弧，这种等离子电弧在外观上酷似火焰燃烧，因此称之为等离子火焰。利用这种技术，可以产生持续的、温度高达6000℃（硫化氢燃点：260℃，天然气燃点：650℃）、电弧长度超过120mm的电子火焰/等离子火焰，从而将火炬放空气直接点燃。

（2）技术特点

① 不消耗化石燃料。其火焰为电子火焰而非燃气火焰，只需消耗小功率电能，不需要天然气，是一种节能、环保的纯电子点火装置。

② 功能可调节。可长时间连续地喷射出火焰，电子长明灯不仅可以替代传统的燃气长明灯长时间工作，还可以在放空气不含硫或放空间隙较大等工况下短时间工作，即只要将火炬点燃即停止点火，当火炬熄火后再自动点火。

③ 安全系数高。设备还设置有完善的故障诊断功能和保护功能，如高压输出状态即点火状态高压输出故障报警、温度过高报警和温度超高保护等，且具备远传功能。

④ 施工周期快。由于不需要燃料气，不仅节省了燃料气阀门、管线、管件、伴热、保温等的材料投入，而且还大大减少了工作量，缩短了产品设计、生产制造、安装设计和现场施工的周期，简化了设备的设计、制造和安装、调试工作，加快了工程的施工进度和设备的投运时间。

⑤ 应用范围广。由于电子长明灯不需要任何燃料气辅助点火，且其火花能量足，可以直接点燃天然气、煤气、液化气、轻柴油和重油，同时，其配套的点火电极耐高温、耐腐蚀、防水、抗油污、抗积碳，它几乎适用于所有工况甚至是十分恶劣的工况条件下的火炬点火，如钻井、试油、测试、采油、集输、井场放空等。

（3）技术实施

针对塔中高含硫、沙漠高温、风沙天气及无人值守场站的情况，与厂家共同攻关对设备进行优化，提高设备性能，增加数据远传与监控，同时对关键设备开展性能实验。管理区完成工艺设备变更和现场施工技术方案，完成现场改造，投运正常。

8.3 实施效果

（1）节能效果：耗电1.728×10^4kW·h/a，可节约天然气10×$10^4$$m^3$/a，可节能百吨标煤/年。

（2）经济效益：每年节约近10万元，3年可回收改造成本。

（3）环境效益：由于不再使用天然气，减少碳排放216.2t/a。

(4) 管理效益：由于该技术火焰温度高且不需要氧气、燃料和外界热源，具有较强的稳定性，对大风等恶劣天气适应性较强，长明灯异常熄火的概率大幅降低，提高了安全运行水平。

9　乙烷脱碳单元优化技术

9.1　技措背景

两列相同的脱碳装置脱出粗乙烷气中的 CO_2 组分。本装置单列正常工况下处理量 $100\times10^4m^3/d$，运行时间为 8000h，操作弹性为 70%~120%。设计要求：粗乙烷湿净化气 CO_2 含量≤100ppm。设备基本情况见表 3-13。

表 3-13　设备基本情况

设备名称	数量	设备功能	设备年度能耗/tce
贫胺液循环泵	4 台	250kW	1220
空冷器	16 台	30kW	585.6
再生塔底重沸器	2 台	7725kW(热负荷)	131943

乙烷脱碳单元粗乙烷气中 CO_2 含量仅 2.5%~3.0%，远低于设计参数中 9.16%；目前贫胺液循环量为 130t/h(设计值 120t/h)；乙烷产品二氧化碳含量为 20~30ppm，远低于小于 100ppm 的质量要求。

9.2　技措方案

进行变频改造前，贫胺液循环量使用泵出口截止阀调节或再生塔入口 1313-FV108 调节，经过两次流量调节，管线压力已经达到管线可承载压力设计值，不具备调节条件。贫液泵电机为 250kW 工频电机，调节流量节约电能空间有限。

贫胺液循环泵出口压力统计表见表 3-14。

表 3-14　贫胺液循环泵出口压力统计表

日期	一列贫液泵出口压力/MPa	二列贫液泵出口压力/MPa
2 月 8 日	3.3	3.1
3 月 18 日	3.4	3.3
9 月 10 日	3.1	3.2
10 月 12 日	2.95	2.8
10 月 13 日	2.87	2.77

(1) 推进贫胺液循环泵电机变频改造

① 控制逻辑取消，改为手动控制阀；

② 信号接入贫胺液循环泵，用于控制贫胺液循环泵转速；

③ 每列乙烷脱碳装置的其中 1 台贫胺液循环泵增加 1 套变频器。

改造效果：一列贫胺液循环量 83. 7t/h，二列贫胺液循环量 83. 8t/h；

再生温度：一列 109. 5℃，二列 109. 8℃。

(2) 调整再生塔运行压力

技术节能原理：降低脱碳再生塔塔压，在更低的压力下，富胺液更易沸腾，同样的再生浓度要求需要更低的再生温度，降低导热油用量。

调节过程：

一列塔压调节：2 月 1 日，塔压 65kPa 降低至 54kPa；4 月 20 日，塔压 54kPa 降低至 50kPa；6 月 25 日，塔压 50kPa 降低至 46kPa；6 月 26 日，塔压 46kPa 降低至 40kPa；9 月 16 日，开车完成后塔压维持在 43kPa。一列塔压调节期望值：45kPa。

二列塔压调节：1 月 26 日，塔压 65kPa 降低至 60kPa；2 月 8 日，塔压 54kPa 降低至 50kPa；6 月 26 日，塔压 50kPa 降低至 42kPa；9 月 16 日，开车完成后塔压维持在 42. 5kPa。二列塔压调节期望值：45kPa。

(3) 调整再生塔再生温度

技术原理：配合再生塔运行压力降低，在保障再生效果的同时节约导热油用量；降低再生温度，减缓胺液变质；降低脱碳单元补水量，节约除盐水。

技术难点：①需要定期采样检测乙烷产品二氧化碳浓度，避免产品不合格；②同步配合降低再生塔塔压，卡边试验出满足乙烷产品质量下，再生塔最节能的运行参数。

调节过程：

一列塔温调节：1 月 6 日，塔温 117℃降低至 115℃，调节期望值：112℃。

(4) 调整吸收塔压力

技术节能原理：降低脱碳吸收塔塔压，贫液泵出口压力下降，有利于流量调节。

技术难点：调低吸收塔塔压会导致二氧化碳的吸收效果下降，需要及时化验产品组分；需要调控脱碳系统水平衡，控制胺液浓度。

调节过程：

一列塔压调节：同再生塔运行压力调节数据。

9.3　实施效果

（1）节能点一：贫胺液循环泵电机电能消耗

节能核算：变频器可在90%～100%范围内调速，实际运行功耗为满负荷功率250kW；全年可节约32.6×10^4kW·h电能。

经济效益及推广性：全年可节约18.6万元电费，投资为99.11万元，回报周期为5.3年。

（2）节能点二：再生塔重沸器热能消耗

节能核算：导热油用量由156t/h降低至76t/h，热负荷降低48.7%，全年可节约$248.64\times10^4m^3$燃料气。

经济效益及推广性：全年可节约燃气成本超百万元，可以应用于油田各类脱硫脱碳装置降耗，应用前景较大。

（3）贫胺液空冷器电能消耗

节能核算：空冷器启用数量降低至3台，平均功率为50%；全年可节约86.96×10^4kW·h电能。

经济效益：全年可节约数十万元电费。

第三节　机采系统篇

1　井口流程非金属化改造技术

1.1　技措背景

某油田碳酸盐岩单井井口流程通常采用钢制管线，由于某油田原油析蜡点较高（20～40℃），凝点较低（-10～10℃），在单井井口电磁加热器前端随着集输温度的降低，钢制管线内壁逐步结蜡，管道被蜡堆积堵塞，造成回压升高，单井无法正常运行生产，存在较大的安全生产风险。

1.2 技措方案

将井口更换为玻璃钢管线，运行一段时间后未发现玻璃钢管线结蜡、结垢、堵管。在某采油作业区改造采油树油嘴后碳钢管线为玻璃钢管线，经过5个月的观察，井口回压从改造前的2.3MPa降至改造后的1.6MPa且保持稳定，未发现管壁结蜡。通过改造不仅减少了采油作业区关井处理结蜡管线带来的作业风险，降低人员劳动强度，而且也减少了处理管线结蜡造成的环境污染，降低了环保风险。

1.3 实施效果

更换为玻璃钢井口后，减少了单井因管线结蜡而造成的单井停产，同时电磁加热器也可取消，实现低温集输，每井每月可节电约 4.32×10^4kW·h。

■ 2 井下节流加热技术

2.1 技措背景

某采油管理区部分区域为高压气层，关井油压在40MPa以上，高压气井生产过程中，采用油嘴单级节流时，温降大，极易在油嘴处形成水合物，发生冻堵，严重影响安全生产、生产时率，同时增加地面解堵工作量。

某采油气管理区高压气井冻堵情况统计见表3-15。

表3-15 某采油气管理区高压气井冻堵情况统计

井号	关井油压/MPa	冻堵频次	单次解堵费用
1	42	2次/月	8.3万元
2	46	开井即冻堵	
3	47	开井即冻堵	

防止水合物形成的主要方法为注入水合物抑制剂或提升系统温度，但气井复杂的气水流动动态规律难以准确预测，使注入水合物抑制剂的量较高，且地面需配套加热炉等设备，运行成本较高，增加了单井碳排放量，同时现场管理工作量较大。

2.2 技措方案

为实现低碳节能，提高高压气井开井率，增加产能，减少地面设备同时保障生产安全，减轻地面异常解堵负担，通过文献调研、技术调研、方案论证，最终探索出在不动用修井机情况下通过钢丝作业投捞井下节流器的技术。

根据底层压力、需求控制产气量、地面安全生产回压等数据，计算井下节流器井下油嘴大小以及下入深度。现场通过钢丝作业将节流器安装于油管的适当位置来实现井下调压，能充分利用地层能量对节流后的天然气加热，从而避免生成天然气水合物。井下节流后，气体因压力降低而膨胀，气体的压能转变成动能，促使气流速度增大，有利于提高气井的携液能力。

井下节流器应用效果统计表见表 3-16。

表 3-16　井下节流器应用效果统计表

井号	投井下油嘴前生产情况				投井下油嘴后生产情况			
	油嘴/mm	油压/MPa	回压/MPa	冻堵频次	油嘴/mm	油压/MPa	回压/MPa	冻堵频次
1	3	35.5	3	2 次/月	3	8	2	未发生
2	7	30	9.4	开井即冻堵	10	13	8	未发生
3	2.5	44	3.3	开井即冻堵	8	7	3.5	未发生

2.3　实施效果

(1) 井下节流器在某采油管理区的成功应用，防止了高压气井生产过程中水合物的形成，减少了地面加热炉的使用，简化了地面流程，减少了因水合物冻堵进行化学药剂解堵工作量及药剂费用，降低了地面回压，保证安全生产。

(2) 实施后，减少燃料气 $66\times10^4m^3/a$，减少甲醇加注 20t/a，减少碳排放 1427t/a，但增加作业成本 8.8 万元/次。

■ 3　连续清蜡柱塞延长自喷周期不清蜡技术

3.1　技措背景

某采油管理区管辖油气井中部分油井投产初期能够自喷生产，液量高(50~$100m^3/d$)、气液比大(100~300)、高含蜡(15%~32%)，随着油田开发，地层能量逐步降低，井筒积液，高含蜡井蜡质析出堵塞井筒。

(1) 地层能量逐步降低，井筒积液停喷

继续采用自喷方式生产需定期使用连续油管或制氮车气举排液维持生产，频繁停喷降低油井开井时率，影响油井产量；多次进行气举排液费用高，采用连续油管+制氮车气举费用 10 万元/井次，带气举阀井采用制氮车费用 7 万元/井次。

某采油气管理区所辖油气井气举诱喷情况统计见表3-17。

表3-17 某采油气管理区所辖油气井气举诱喷情况统计

年份	诱喷井次/次	影响产量情况/t	施工费用合计/万元
2014	6	240	51
2015	7	280	59.5
2016	13	520	110.5
2017	20	800	170
2018	14	560	119

(2) 转电泵生产费用高，高套压风险大

停喷后需采用转机采方式进行继续生产，转机采作业单井次作业费用约180万元，管柱设计中加入高效分离器及气体处理器等设备，生产泵效仍然低(电泵井平均泵效125%)，且欠载频繁，严重影响泵运行周期。随着积液排出恢复自喷概率大，因高效分离器等设备应用，大部分气被分离到套管中，出现高套压等异常情况，生产运行风险高，电缆承压有限，长期高压运行电缆故障率高。

某采油气管理区所辖高气液比井转机采生产情况统计表见表3-18。

表3-18 某采油气管理区所辖高气液比井转机采生产情况统计表

井号	投产初期		转机采前		转机采生产情况				备注
	日产液/t	气液比	日产液/t	气液比	日产液/t	气液比	泵效	欠载频次	
1	60	218.8	37	164	5	2101.2	10%	1次/d	生产过程中多次欠载停机，掺水平稳生产，泵运行60d欠载烧泵
2	43	973	38	63	试抽套压涨至24MPa，停泵恢复自喷生产				

(3) 高含蜡井需频繁清蜡保持管柱通畅，高危作业频次多风险大

某采油管理区管辖部分井含蜡量在20%以上，最短清蜡周期为1天，单次清蜡作业涉及管线打开、高处、吊装等高危作业，单井年高危作业1095次，单次清蜡费用5000元，单井年清蜡费用183万元，与降本增效、低碳节能高效发展

目标严重不符。

某采油气管理区所辖高含蜡井清蜡情况统计见表3-19。

表3-19 某采油气管理区所辖高含蜡井清蜡情况统计

油田	生产方式	日产液/t	日产气/m^3	含蜡量/%	清蜡周期/d	年费用/万元
轮古气田	自喷	68	10240	31	1	183
轮古气田	自喷	33	4962	21	3	60
轮古气田	自喷	4	1588	20	4	45
轮古气田	自喷	151	837	20	15	12
某油田	气举	20	2300	21	7	26

3.2 技措方案

为实现低碳节能，对现有柱塞进行多方面改造，延长自喷井自喷周期，保证安全生产的前提下减少清蜡次数。

(1) 投用中空连续柱塞延长自喷井自喷周期

高气液比油井处于临界自喷状态，地层能量本身较足，稍微举升出部分积液，就能实现油井自喷。针对常规柱塞具有排积液作用但不能实现连续举升的问题，开展了连续柱塞的研发，在常规柱塞基础上增加中空拉杆设计，实现上行密闭，到达井口缓冲装置，拉杆撞击缓冲装置，中空通道打开快速泄压，在自身重力作用下，柱塞撞击卡定器，中空通道闭合实现密封举升井液，完成一个举升过程。打破常规柱塞间歇生产限制，提高举升效率，连续排积液，最大限度延长自喷周期。

中空连续柱塞应用效果统计见表3-20。

表3-20 中空连续柱塞应用效果统计

序号	投柱塞前运行情况	投柱塞后运行情况	产生效益
1	自喷生产三个月需制氮车气举一次	连续稳定生产11个月	1367万元
2	连续油管气举一次维持7天停喷	稳定生产3个月，能量不足关井	218.6万元

(2) 应用连续清蜡柱塞

考虑部分高凝油、高气液比油井，温度下降导致结蜡严重，而采用中空连续柱塞易堵其中空通道，影响井口泄压问题，需研发一种既能实现连续生产，又能解决结蜡问题的柱塞。采用中空拉杆设计实现连续举升，采用螺旋刮刀设计实现运行中切削石蜡。

连续清蜡柱塞应用情况统计见表3-21。

表3-21 连续清蜡柱塞应用情况统计

序号	投运前清蜡周期/d	投运后是否出现蜡堵	年清蜡费/万元	柱塞年成本费/万元	年效益/万元
1	1	否	182	8.8	173.2
2	7	否	26	8.8	17.2
3	7	否	26	8.8	17.2

3.3 实施效果

通过研发连续柱塞气举工艺，解决了高气液比、高矿化度深井井筒积液停喷的问题，该工艺打破了常规柱塞气举间开生产的限制，实现了油井连续生产，不仅适用于低液量、高气液比油井，更可用于高液量、低气液比油井开采，在高含水气井排水采气方面具有很好的推广作用；旋转清蜡柱塞气举工艺解决了高含蜡油气井井筒结蜡问题，提高了气举工艺井筒适应性，在节能降耗方面起到了明显的作用。

■ 4 机采井节能提效技术

4.1 技措背景

机采井是某油田主要的开采方式，是稳产的重要助力。管理区电泵井机组分为50~250m^3 系列潜油电泵机组，抽油泵为38~95mm系列悬挂式抽油泵，机采井平均泵挂深度达2700m，各项参数均位于行业前列。在管理区机采井开发历程中通过推广潜油电泵中压变频控制技术、机采井参数智能监测技术、特种抽油泵采油技术、电泵井综合防砂技术等系列提效技术显著提升了机采井的系统效率，大大降低了机采井能耗。对管理区抽油机井、电泵井进行系统能耗测试，测试结果显示抽油机井系统效率35.6%，平均产液单耗11kW·h/t，电泵井系统效率24.8%，平均产液单耗16.7kW·h/t，系统效率在油田处于领先水平。

4.2 技措方案

(1) 潜油电泵中压变频控制技术

潜油电泵中压变频控制技术是在启动和停泵的情况均采用软启动功能，减少启停电泵时对电机和电缆造成极大的冲击，延长电泵机组的运行寿命，同时能够实时调整机组出液量，使机组出液量与地层供液能力匹配，保证电泵机组的正常生产、高效运行，提高潜油电泵井的系统效率，减少电泵井能耗。

（2）特种抽油泵采油技术

长柱塞抽油泵是在原悬挂抽油泵基础上增加“三道屏障”：屏障1，增加游动滑块，上行时受压差影响滑块打开、下行时受到液柱压力影响滑块关闭，防止泥砂进入泵筒；屏障2，长柱塞结构，短泵筒长柱塞，柱塞始终是在泵筒外部，停机或运行状态均可有效防止泥砂进入柱塞与泵筒间隙；屏障3，加大阀罩，由于柱塞在泵筒外部，所以我们将上部游动阀罩外径加大，同样起到阻挡泥砂进入泵筒与柱塞间隙的作用。“三道屏障”最大限度防止泥砂进入泵筒，减少抽油泵卡阻，减少抽油机无用功，提升抽油机井系统效率，降低能耗。

液力反馈抽油泵无固定阀，反而均集成在柱塞上，在下行时液柱压力可完全作用在柱塞上，增加柱塞的下行力，减少稠油井对柱塞下行的影响，提升稠油井的运行效率，提升系统效率，降低能耗。

（3）电泵井综合防砂技术

该技术增加泵下沉砂装置，通过离心分离作用将泥砂过滤至沉沙管内，变“消极挡砂”为“主动控砂”，同时在泵上加装沉砂装置，充分利用装置内外管存在的截面积差，经过多级拦截，大部分砂会沉积在内外管之间的环空，可有效避免泵内及单流阀堵塞的异常情况出现，该技术可有效减少电泵机组所做的无用功，提高电泵井系统效率，降低能耗。

（4）机采井参数智能监测技术

机采井环空液面自动在线监测技术可实现每半小时自动发生声波，采集液面数据，通过信息远传实时发送解释数据，及时监控机采井液面，根据液面情况现场管理人员可及时调整生产参数，监测机组异常，保证机采井在最优工况下运行，为机采井精细化管理提供依据，有效提升机采井系统效率。

井下工况监测技术是在作业过程中将井下传感仪器带入井内，通过传感仪实时监控机组井下温度、吸入口压力、机组振动幅度等参数，实现机采井异常早发现早处理，减少机采井低效运行时间，为机采井精细管理提供数据支撑，助力系统效率提升。

4.3 实施效果

机采井节能提效综合技术已应用多井次，技术成熟，特别适用于超深、高温、高渗透性油藏机采井。其中潜油电泵中压变频柜满足中压1200~2600V、下深3500m潜油电泵启动与控制的要求，能配合井下传感器进行相关的联调工作，接收停泵指令、频率调节，满足-30~+50℃运行环境温度，输出频率范围0~80Hz，频率精度0.01%，频率分辨率0.01Hz，电压精度±3%，可在线调节频率、过载、欠载等，有基本的保护功能，如过压、欠压、电流不平衡、短路、过载、欠载、缺相、对地短路、温升过高及失速保护，可有效地保护变频器及电机；长柱塞抽油泵满足含砂量≤3%，不卡泵，泵效≥50%，下泵深度达到4000m，井温120℃以上，能抗 H_2S 的浓度为40000ppm以上，能适应地层水矿化度为200000mg/L以上，并具有耐磨损、抗腐蚀、使用方便的特点；液力反馈抽油泵适用于原油黏度小于4000cP(50℃)油井，下泵深度达到3000m，满足井温120℃以上，能抗 H_2S 的浓度为40000ppm以上，能适应地层水矿化度为200000mg/L以上，并具有耐磨损、抗腐蚀、使用方便的特点，防腐性能满足长期注气的条件，气源为氮气(氧气浓度占3%~4%)；电泵井综合防砂技术满足防砂粒中径100μm，满足 Cl^- 20×10^4ppm、CO_2 20%、H_2S 50ppm等流体环境正常生产一年以上无腐蚀，渗透率不低于200D，平均每米无阻渗流量≥10m³/d；机采井环空液面自动在线监测仪满足液面测量范围10~5000m(量程可设置)，液面测量精度3‰，重复性误差≤0.5m，套压测量范围0~5MPa，精度3‰，能实现远程调控设置、数据回传、数据分析等功能；井下工况监测仪能实现采集泵出、入口压力，井液温度，电机油温，电机 X 方向振动、Y 方向振动六参数，能与电机相连，满足-20~50℃运行环境温度，泵出、入口压力测量范围0~5000Psi，测量误差≤0.1%F·S，井液温度测量范围≤125℃，测量误差≤±1.5℃，电机油温测量范围≤200℃，测量误差≤±1.5℃，电机振动测量范围0~5g，测量误差≤0.5%，能实现数据拷贝、回传功能。

机采井节能提效综合技术累计应用130井次，其中潜油电泵中压变频控制技术应用57井次，特种抽油泵采油技术应用25井次，电泵井综合防砂技术应用40井次，机采井参数智能监测技术应用8井次，较2021年电泵井系统效率提升1.1%，平均产液单耗降低0.7kW·h/t，抽油机井系统效率提升0.4%，平均产液单耗降低0.3kW·h/t，累计节能257.72tce，节约费用超百万元。

■ 5 油井智能间抽

5.1 技措背景

紧跟数字化转型、智能化发展趋势，积极探索智能间抽技术模式，为油田“降本增效、高质量发展”提供有力支撑。

（1）部分油井随着地层能量逐渐减弱，井筒供液不足，机采泵效变差。油藏长时间开采，地层能量衰竭较快，部分油井已出现供液不足。

（2）低效机采井连续生产能耗高，经济效益差。

20 型抽油机额定功率 54kW，实际耗电量 720kW · h/d，低效井日产液 2t、吨液耗电量 360kW · h，经济效益差。

（3）部分低效机采井采用人工间抽，劳动强度大、安全隐患大。

采用人工间抽生产：人工测功图液面分析生产动态，制定间抽制度人工启停。

制度不精细：生产动态人工采集掌握不及时，基本凭经验采用“笼统长周期间抽”模式。

管理难度大：油井数量多，人工操作抽油机启停劳动强度大，人员频繁在抽油机下穿梭安全隐患大。

（4）实现碳达峰、碳中和目标的战略需要加快实施绿色低碳发展战略。

井场面积适合光伏板，太阳能发电取代火力发电，降低碳排放，提升绿电使用，助力油田早日实现碳达峰。

5.2 技措方案

按照“工程地质一体化”理念，基于供排协调理论，在物联网配套基础上，确立以群控云计算模式为主的技术方向，实现油井智能间抽的低成本集中管控。

功能一：抽油机远程控制系统将抽油机运行状态通过互联网、物联网等通道传输至远程监控端，达到实时监控状态，包括电流、电压、功率因数、故障报警、远程启停机功能。

功能二：远程功图、液面监测系统可实现实时监测示功图、液面，将数据传至中控系统，可进行功图自动诊断、泵充满度分析、地层供液能力监测。

功能三：根据泵充满度分析、地层供液能力，可自动制定抽油机井合理开关井制度，并联锁抽油机自动启停，实现最佳状态运行。

采用太阳能光伏发电为抽油机提供电源，绿色低碳实现抽油机正常运行。

总体思路：结合低效井间抽的需求和绿色低碳的发展战略，提出“智能间抽+离网式光伏发电”绿色低碳机采技术，采用白天光伏发电启抽生产，晚上停抽恢复地层能量的模式运行离网式光伏发电技术；只需满足抽油机白天运行，降低了光伏总容量与储能需求，投资成本降低60%以上。

智能间抽技术：在线监测井筒供液及抽油泵工况，设置最佳工作制度，满足白天启抽晚上停抽需求。

累计实施“智能间抽+光伏发电”技术1井次、智能间抽技术3井次。智能间抽+光伏发电技术：实施前采用“3+4”人工间抽，平均日产油3.2t；实施分布式光伏+“日抽夜停”智能间抽模式后，由于液面恢复可持续，实现产液与开采的相对平衡，节能降耗的同时，日产油达到5t。

智能间抽技术：实施前动液面持续降低，井口产液近乎不出，抽油机载荷达到80%以上；实施智能间抽后，抽油机实际负载功率下降，动液面恢复，井口出液变好并稳定生产。

5.3 实施效果

(1) 经济效益：单井智能间抽技术可年节约电量23×10^4～43×10^4kW·h；采用光伏发电年发电量47×10^4kW·h，减少碳排放103t，年增油1095t，具有良好的经济效益，某管理区实施两种模式间抽目前已节约电量共近242×10^4kW·h，折合726tce。

(2) 社会效益：“智能间抽+离网式光伏发电”技术，解决了低效井泵效低、能耗高、人工启停劳动强度大等难题，为低效井偏远井提产提效探索出了一条新的技术路径，将加快某管理区及塔里木油田绿色低碳智能化发展的步伐。

(3) 技术推广

管理区低液量单井将持续实施智能间抽计划，并持续完善单井离网式光伏发电改造，预计实施8口井后，年节电量可达341×10^4kW·h，折合1023tce。“智能间抽+光伏发电”的应用模式，可在某些管理区低液量抽油机井进行推广。

第四节 注入系统篇

1 分压注水技术

1.1 技措背景

某注水站始建于 2004 年，注水规模 7000m^3/d，共有高压(25MPa)和低压(1.5MPa)两套注水管网注水，采用离心泵增压的工艺流程，为站外 30 口注水井提供地质注水。低压注水系统负责站外 4 口低压井的注水，其余注水井均采用 25MPa 高压注水泵直接注水，部分注入压力低的井再通过调压阀降压进行注水。经过现场排查，哈得四联合站所辖 8MPa 以下的注水井共计 15 口，目前均采用 25MPa 注水系统，再通过调压阀降压的方式注水，注水管网损失较大，导致管理区整体注水系统效率只有 33.27%，低于 GB/T 31453—2015 要求的≥35%(离心泵)，低于油田要求的≥39%。

1.2 技措方案

分压注水技术对现有注水管网按照压力和区块划分(图 3-16)，划分为 25MPa、8MPa、1.5MPa 三套井网。薄砂层孔隙度低，渗透率低，吸水能力弱，整体注水压力高，对应采取 25MPa 的高压注水泵供水；而哈得 4 区块物性好，吸水压差小，整体注水压力低，对应采取 8MPa、1.5MPa 的中低压注水泵供水。

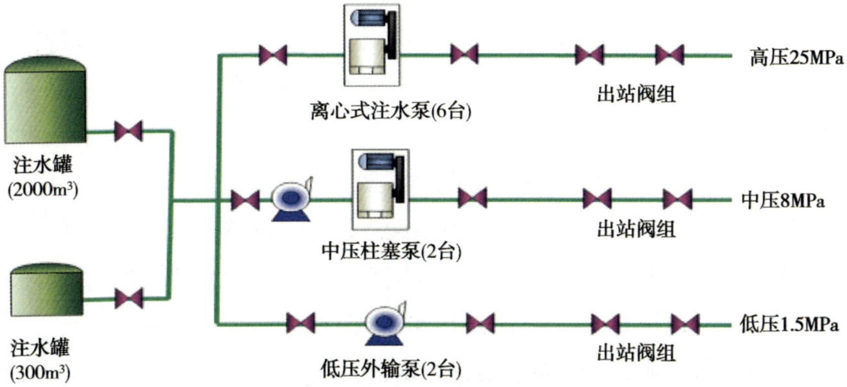

图 3-16 分区注水技术对现有管网按照压力和区块划分示意图

1.3 实施效果

通过实施分压注水技术改造，目前哈得四联合站已建成25MPa、8MPa和1.5MPa三套注水系统，改变了之前由于油藏物性差异大，一套注水井网导致泵压就高不就低的局面，同时新建的8MPa中压注水系统，注水泵采用柱塞泵，最大程度地节约了注水系统用电量，降低了泵管压差，大大地降低了注水系统能耗，提高了注水系统效率。改造后注水泵加权平均运行效率从66.32%上升至77.5%，注水系统加权平均效率从33.27%上升至41.6%。

■ 2 注水系统优化改造技术

2.1 技措背景

(1) 地层水集中处理后再回注，能耗高

油气田开发进入中后期，单井含水量上升，某油气管理区产出地层水5300t/d。将其输送到联合站，按照地质注水指标进行水处理，耗电1749kW·h/d，发生水处理费用5.8万元/d。

(2) 注水泵运行能耗高、效率低；配件损耗大、故障频繁

随着油田开发进入中后期，注水开发成为现阶段的一种主要开发方式。某油气管理区现有8台离心式水平注水泵，额定工作压力25MPa(1台20MPa)，日注水量2000m^3，主要用于地层水就地回注，减轻联合站水处理负荷。注水开发在稳定、提升产量的同时，也带来了一系列生产管理问题。

① 8台水平注水泵耗电量817.52×10^{4}kW·h/a，电费506.85万元/a，占第一采油气作业区年总耗电量的14.3%。

② 8台泵实际运行压力在8~14.8MPa，低于设计压力(25MPa)，为了维持正常注水量，只能关闭部分出口阀门，设备长期处于“憋压”状态运行，设备有效功率降低，加之泵入口含砂，导致转动部件窜动和磨损加剧，泵效进一步降低。对塔中7台注水泵进行能耗监测，发现离心式注水泵效率仅为41.53%(油田平均41.92%)，与考核指标53%存在较大差距。

注水泵设计压力与实际注水压力不匹配，现场注水泵长期憋压运行，泵振动烈度高，易造成注水泵叶轮、口环和机械密封等配件损坏。平均每季度注水泵叶轮、口环和机械密封损坏203件，占注水泵配件重点故障的87.12%，8台水平注水泵的平均大修周期为7170h，维修频次高。

2.2　技措方案

（1）油水在转油站就地分离

油水在转油站就地分离，沉降达到回注指标后，回注至附近注水井，从而减少长距离能耗，降低联合站水处理负荷。地质注水和回注水主控指标对比见表 3-22。

表 3-22　地质注水和回注水主控指标对比

序号	主要控制指标	碳酸盐岩回注	TZ40CⅢ地质注水
1	悬浮固体含量/（mg/L）	≤80	≤2
2	悬浮物颗粒直径中值/μm	≤70	≤2
3	含油量/（mg/L）	≤50	≤15

油气两相分离，地层水外输联合站工艺流程如图 3-17 所示。

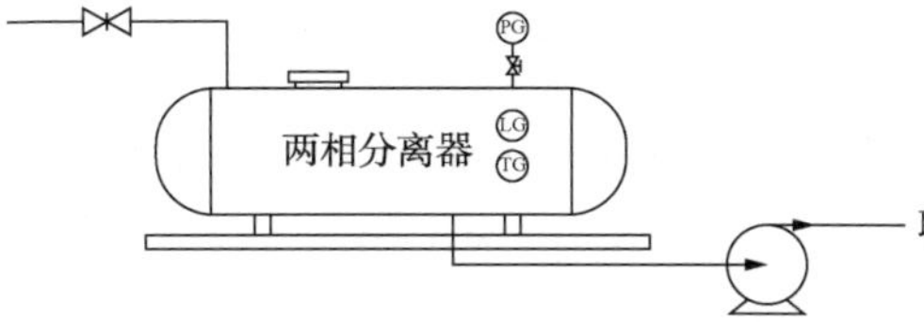

图 3-17　油气两相分离，地层水外输联合站工艺流程

油气水三相分离，地层水就地回注工艺如图 3-18 所示。

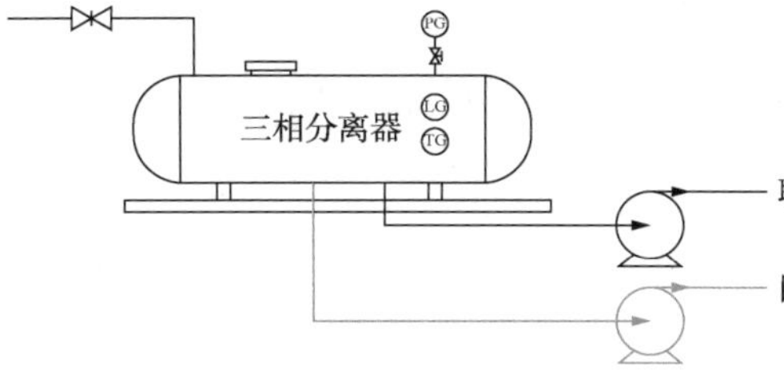

图 3-18　油气水三相分离，地层水就地回注工艺

（2）注水泵变频调节

实时记录设备电流、排量、注水压力等参数，定期分析参数变化情况，摸清规律，根据生产需要，通过变频器小幅度调整注水泵运行频率，实现注水压力和流量的动态调节，最大程度实现安全运行和节能降耗双效益。变频调节水泵排量如图 3-19 所示。

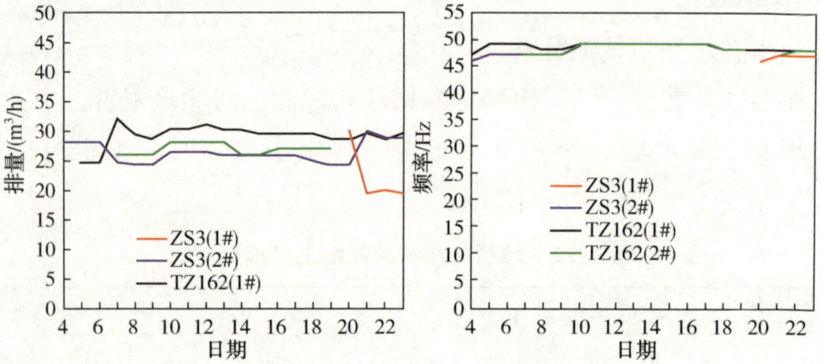

图 3-19　变频调节水泵排量

(3) 注水泵减级改造

根据注水泵单节独立增压、压力逐节增加的特性，对机泵采取“减级”措施，通过注水井压力计算泵所需额定压力，再根据“两级”优化的原则调整注水泵压力。

① 一级优化：整节调整，适用于注水压力随流量波动大，波动压力大于5MPa 的井。

② 二级优化：单节调整叶轮数量，适用于注水压力稳定，随流量波动小于3MPa 的井。

水泵减级改造示意图如图 3-20 所示。

(4) 其他措施

① 水源治理：对应急池泵吸入口处进行清淤和加深改造，水质得到明显改善，设备异常磨损问题得到有效缓解，运行寿命延长。

② 改造进口：将泵入口由原应急池抽水(吸入高度-2.7m)改造成大罐喂水(喂水高度 7m)，减少入口局部水头损失 9.7m，提升入口压力，减少管路入口(局部)水头损失，提高水力效率。地层采出水进入大罐后，经管道密闭输送至外输水泵，增压后到各注水单井，再由各单井注水泵增压后回注，有效降低回注水含砂量及注水单井注水泵故障次数，确保现场安全平稳运行。

③ 畅通出口：对注水井进行洗井，对地面管线易结垢部位进行酸洗，能够降低出口(注入)压力和管路的压损，减少注入系统水头损失。

水泵出口压力效率理论图版和 TZ58C 洗井前后水泵效率图如图 3-21 所示。

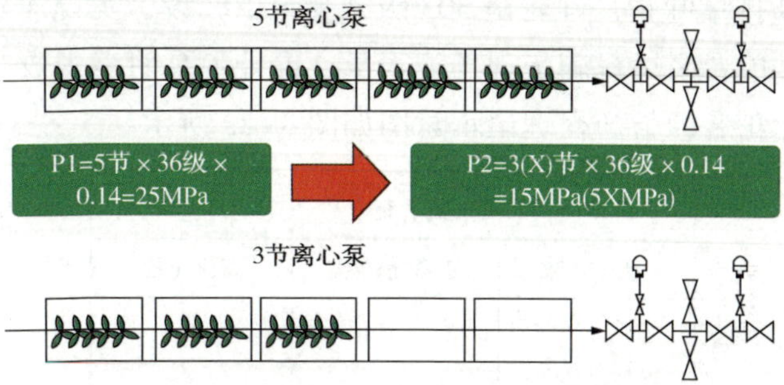

(a)将水泵标准泵节替换为空泵壳

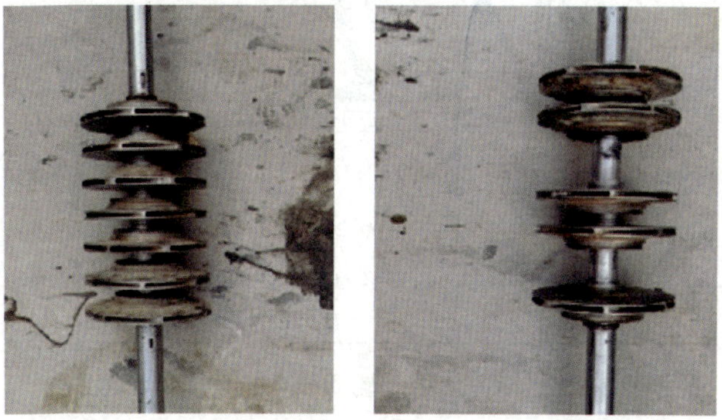

(b)减少水泵叶轮级数

图 3-20　水泵减级改造示意图

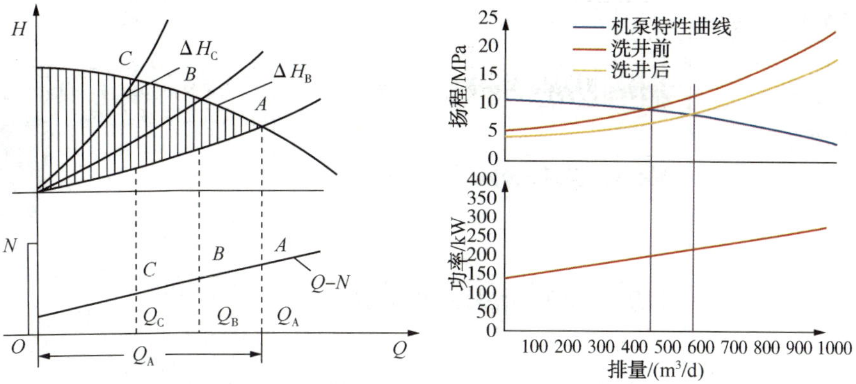

图 3-21　水泵出口压力效率理论图版和 TZ58C 洗井前后水泵效率图

④ 叶轮改造：注水泵叶轮由后弯式叶片(出口角 $\beta_2=20°\sim30°$左右)构成，叶片扬程高，但随扬程增大，水泵的流量减小。结合现场工况，分析计算不同后弯角度下压力与流量，优化叶轮流道通径，减少叶轮级数，将原 300m^3/d 排量叶轮

改造为 500m³/d 排量叶轮，叶轮由 303 级减少至 108 级，实现注水泵降扬程、增排量的目的，且单台泵运行满足现场注入量，提升了泵的容积效率。

离心水泵叶轮通径与扬程理论示意图如图 3-22 所示。

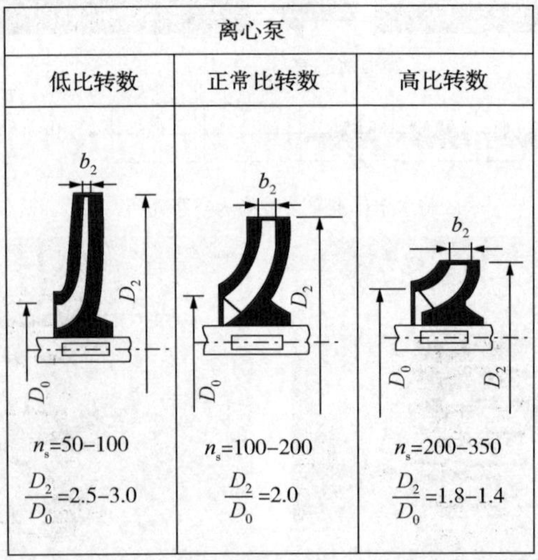

图 3-22　离心水泵叶轮通径与扬程理论示意图

机泵改造计算模型图如图 3-23 所示。

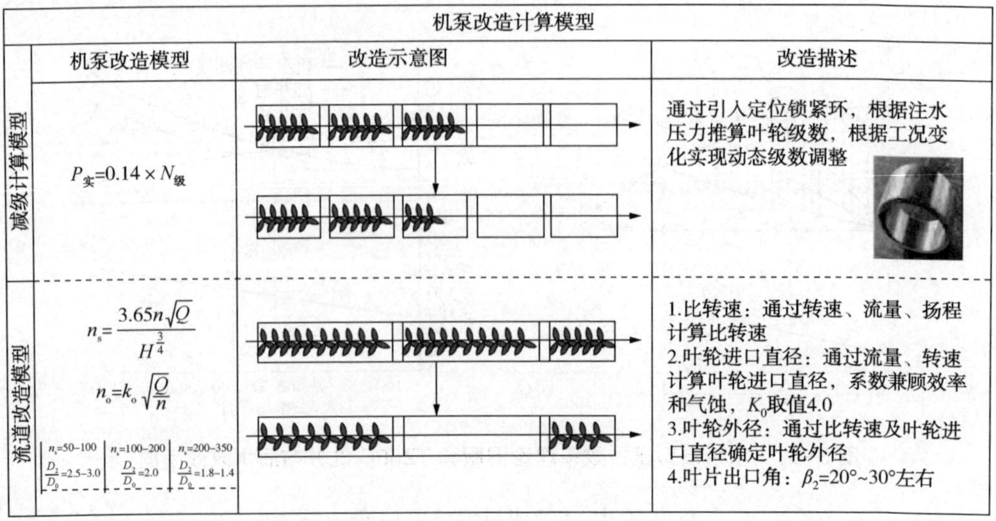

图 3-23　机泵改造计算模型图

2.3　实施效果

注水泵运行效果、性能、效率提升，能耗降低。

通过注水参数分析，利用注水泵泵节可自由拆卸组装、每节独立增压的特性，对机泵进行“减级”改造，将泵的最后2个标准节更换为空泵壳，由5节泵改造为3节泵，出口压力由25MPa降至15MPa，能够满足现场注水需要。注(输)水泵减节、减级改造经验的通用性强，灵活度高，可以按需拼接，对不同工况下的多级离心泵进行参数对比分析和调整，目前已完成8台注水泵减级工作。

① 注水泵效率提升

改造后的3节泵节注水泵排量为430~550m^3/d，符合达到最高泵效的排量条件(400~600m^3/d)。水平离心式注水泵效率由41.53%提升至54.46%(达标)，设备“憋压”和水质问题解决后，叶轮异常磨损现象消除，部分泵效恢复到58%，注水泵均在最佳泵效范围内工作。

泵(3节泵节)特性曲线图如图3-24所示。

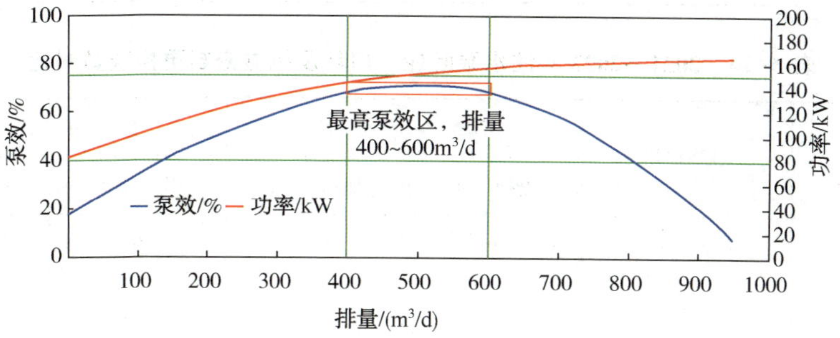

图3-24　泵(3节泵节)特性曲线图

据GB/T 33653—2017《油田生产系统能耗测试和计算方法》，算出注水泵改造前后能效监测结果，见表3-23。

注水量大幅增加：回注井平均日增注水量879m^3/d。改造后设备运行更加平稳，振动和轴向窜动量明显下降。

② 注水泵配件消耗减少

对策实施后，注水泵异常情况明显减少，叶轮、口环和机械密封损坏程度降低，配件重点故障占比降低 85.65%。统计 8 口水平注水泵半年时间内叶轮、口环和机械密封更换次数，由 73 次降至 14 次，节约成本 42.2 万元，同时将拆卸的泵节作为备品配件，节约采购成本 73 万元。2021—2022 年注水泵叶轮、口环及机械密封更换次数对比见表 3-24。

表 3-23　注水泵改造前后能效监测结果

机泵类型	井站	位号	改造前效率/%	改造后效率/%	标准考核指标/%	改造措施
水平离心式注水泵	1	1#	43.2	49.2	53	排量 $300m^3/d \rightarrow 500m^3/d$
	2	2#	37.3	48.3		注入井酸化
	3	1#	48.6	57.6		减级
	4	2#	45.6	58.6		减级增量 $300m^3/d \rightarrow 500m^3/d$
	5	1#	18.4	56.6		减级增量 $300m^3/d \rightarrow 500m^3/d$
		2#	47.3	56.6		减级增量 $300m^3/d \rightarrow 500m^3/d$
	6	1#	50.3	54.3		减级
平均			41.53	54.46		

表 3-24　2021—2022 年注水泵叶轮、口环及机械密封更换次数对比

设备名称	型号规格	2021 年季度平均		2022 年季度平均	
		更换次数	费用/万元	更换次数	费用/万元
1-1#	QCZS550/25	9	5.9	6	2
1-2#	QCZS550/25	9	5.3	6	2
2-1#	QCZS550/25	14	7.6	1	0.2
2-2#	QCZS550/25	7	4.5	0	0
3-1#	QCZS550/25	9	5.5	0	0
3-2#	QCZS550/25	8	6.3	0	0
4	QCZS550/25	8	5.2	0	0
5 工频	CYZSB-C130W	9	6.4	1	0.3
合计		73	46.7	14	4.5

③ 注水泵运行能耗降低

对 8 台注水泵完成减级改造工作后，注水泵各项参数运行正常，设备性能在满足现场需求的情况下，电机负荷明显降低，最高降幅达到 40%。截至 2022 年底，减级后累计运转 31282h，共节电 203.16×10^{4}kW·h，节约电费近百万元，预计全年节电 253.95×10^{4}kW·h，节约费用超百万元，节能效果得到了有效验证。

■ 3 降低注水能耗技术

3.1 技措背景

联合站污水处理站于 2008 年投产，处理规模约 6000m^3/d，为某油田采出水进行污水处理及注水，其中污水处理工艺为“一级大罐沉降+卧式除油+两级过滤”，处理后污水指标为悬浮物≤3mg/L、含油≤10mg/L，注水机组采用“高压离心注水泵+柱塞泵”配合注水。

联合站 2#污水处理站工艺流程简图如图 3-25 所示。

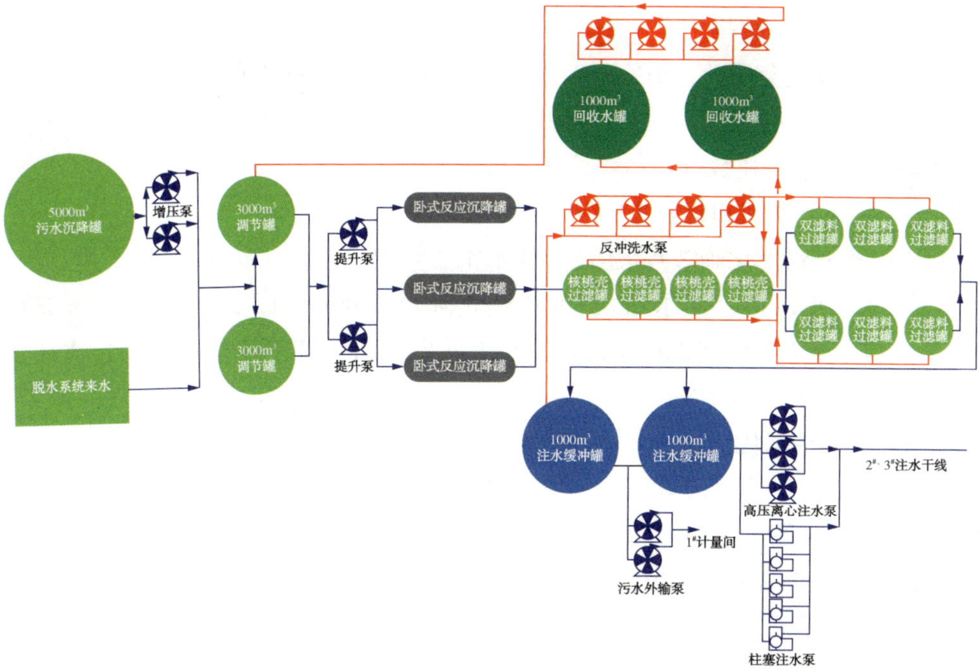

图 3-25 联合站 2#污水处理站工艺流程简图

统计分析发现，污水处理运行成本占站队总运行成本近60%，分解污水处理系统运行成本，其中药剂成本占比26%，动力成本占比53%，容器检修成本占比15%，日常维护成本占比6%。动力成本高的原因如下：

(1) 泵管压差大

核算泵管压差高达4.2MPa。

(2) 高压离心注水泵效率低

节能监测中心监测数据显示，单位注水能耗高达9.75kW·h/m^3，高于平均单位注水能耗8.29kW·h/m^{3}的规定；某系统效率仅为33%，低于GB/T 31453—2015要求的≥35%，低于油田要求≥39%。

3.2 技措方案

通过采取增加高压变频器、优化阀芯结构等4项措施，来降低注水能耗，具体措施如下：

(1) 增加高压变频器

为1#、3#高压离心注水泵增设变频器，通过变频调节代替阀门节流调节，消除泵出口阀门节流损失。

(2) 优化阀芯结构

① 减少过流套层数，由“三级过流套”优化为“二级过流套”。

② 增大过流孔径，外孔径由ϕ2.5cm增大至3×5cm，内孔径由ϕ0.3cm增大至2×4cm，减少孔径数量，消除管线节流损失。

(3) 优化注水机组运行方式

① 摸索实践优化阀芯+高压离心注水泵变频运行，能耗最低。

② 2020年以后，注水量由2500m^3/d降至1500m^3/d，运行离心注水泵属于“大马拉小车”，站内及时优化调整，采取启运两台柱塞注水泵、停运高压离心注水泵，降低运行成本。

(4) 开展精细化注水

① 降低注水压力波动区间。三阶段摸索注水压力控制，第一阶段11~14MPa、第二阶段12~13.5MPa、第三阶段12.5~13.0MPa。

② 识别机泵能耗最优解。通过逐一对比机泵单耗，确认5#柱塞泵能效差，优先运行高效能机泵。

3.3 实施效果

(1) 注水动力成本大幅下降，年节约用电量293×10^{4}kW·h，节约电费超百万元。

(2) 泵管压差有效降低，由 4.2MPa 降为 0.1MPa。

(3) 注水系统效率有效提升，注水系统效率由 33%提升至 50%左右，高于油田要求 39%。

(4) 注水能耗三级降，注水单耗由 9.75kW·h/m^3 降至 6.65kW·h/m^3，再降至 4.3kW·h/m^3，现阶段轮一联注水标耗为 0.32kW·h/(m^3·MPa)。

第五节　供配电系统篇

1　供水系统水泵电机闭环控制技术

1.1　技措背景

水泵电机使用开环控制，此时水泵运行在固定频率。在用水量小时会出现憋压现象，使得输水管道压力变大，当管道长时间处于高压状态时，就会出现爆管现象，同时由于水泵处于憋压状态，会造成电能的浪费。当用水量大时，由于水泵未及时调节而保持在原转速状态，输水管线出口压力就会不断变小，导致供水能力不足。同时，供水系统设有自启动控制功能，当液位达到指定高液位时，水泵自动停止；当液位达到指定低液位时，水泵自动启动。

1.2　技措方案

(1) 供水管线安装压力变送器，将压力数据转换为 4~20mA 电流信号；

(2) 将电流信号接入到变频器转速控制端口；

(3) 对变频器比例、积分、微分控制参数 P、I、D 进行计算；

(4) 录入计算好的定值；

(5) 开机后测试控制效果，并根据实际情况对 PID 控制参数微调优化，达到最优控制效果；

（6）水罐安装高液位、低液位变送器，将液位信号变换成开关信号；

（7）将液位低和液位高信号接入变频器控制启停端子，当液位高时，变频器自动停机；当液位低时，变频器自动启机。

对水泵电机实施闭环稳压控制，实现以下功能：

（1）总输水管线压力保持在目标压强；

（2）用水量低峰期时节省电能效果；

（3）压力采集及反馈、PID 调节方法实现电机闭环控制，最终实现压力自动调节；

（4）通过液位控制实现供水系统水泵的自动启停。

1.3 实施效果

塔里木油田有多处供水系统水泵运行在开环状态。经过初步统计，总功率约为 790kW 的水泵具有推广改造价值，每年总用电量 507×10^4kW · h，以目前某供水站末站试点改造后节电 15%进行估算，改造后全年可节约用电量 75×10^4kW · h；另外，改造后闭环变频控制，可实现输水管线不憋压，减少管线憋爆事故发生。目前已完成某供水末站供水泵的变频改造，每年节电约 10×10^4kW · h，节电率达 15%。

■ 2 电代油技术

2.1 网电替代柴油案例

2.1.1 技措背景

2021 年 9 月 10 日，某井临时试采地面流程投产，采用利旧的 1992 年生产的 400kW 柴油发电机供电，存在能耗高、效率低以及故障频繁等问题。

2.1.2 技措方案

在网电供电电力线路上进行 T 接，建设 10kV 电力线路 3.8km 至甫沙某井井场外变压器高压侧，再采用低压电缆接入井场，向井场设备供电，拆除原有柴油发电机。

2.1.3 实施效果

改造前，柴油用量平均 600L/d，柴油发电机维护费用 10 万元/年；改造后，平均用电1120kW·h/d，市电替代177d(8月18日至10月15日停抽)，产生效益数十万元，减少碳排放超132t。减轻了操作人员对柴油发电机巡检、维护的负担，避免了噪声、柴油机烟气对操作人员的健康影响。

2.2 塔中沙漠公路光伏发电替代柴油案例

2.2.1 技措背景

沙漠公路防护林自2006年全线投运，长度436km，沿线分布有109口水源井，截至2021年，采用网电供电的井11口，采用试验光伏发电供电的井12口，采用柴油机发电供电的井86口。86口井的柴油发电机已连续运行16年，受成本因素影响未曾进行更换，发电功效较投运初期下降40%，能耗逐年升高，二氧化碳排放量逐年加大。

塔中地区光热资源丰富，年日照时数3000h左右，年辐照量1715kW·h/m^2，具备清洁能源替代基础条件。

2.2.2 技措方案

(1) 分布式光伏发电应用技术

分布式光伏发电系统装机容量小，形式灵活多样，所发电力就地消纳，结合塔中沙漠公路沿线防护林水源井距离远、井点偏远及分散的现状，利用塔中地区丰富的太阳能资源，深入研究分布式光伏发电应用技术，实现“偏、远、散”站点的清洁运行；考虑分布式光伏电站规模小、数量大、高度分散的特点，在项目设计及实施过程中广泛应用标准化、模块化技术，实现就近供电，避免了长距离输电线路的损失，经济效益明显。

(2) 沙漠地区光伏发电应用技术，改善沙漠生态环境

研究组合应用耐久性能、抗干燥性能以及防风沙性能优异的晶硅光伏组件，贴片卡槽+螺帽连接的固定方式，蓄电池恒温操作的运行环境，环状并联的接地保护，形成适用于沙漠地区的光伏发电应用技术，大幅提升了光伏站点运行的稳定性及可持续性；应用自动化、智能化、集约化技术，大幅提高分布式光伏发电系统的智能化水平，切实提升分布式光伏发电的效率和安全性，降低运维成本，提升工作效率。

(3) 柴油或燃气零散发电站点

对于无配套电力线路的生产、辅助及生活站点，利用所属地区丰富的光热资源，平整适量场地，配套光伏组件、储能电池以及变流器等设备建设光伏发电基

站，替代柴油或燃气发电机，改为太阳能发电。

2.2.3 实施效果

2022年6月，塔中采油气管理区完成沙漠公路低碳示范工程建设，将沙漠公路防护林86口水源井的柴油发电机替换为光伏发电基站，年发电量可达362×10^4kW·h，年节约柴油1033t，年减排二氧化碳3254t，建成国内首条零碳沙漠公路，成功打破油田公司分布式光伏散、乱、断的现状，创造了分布式光伏线性发展的良好局面，也实现了光伏发电、防沙固沙、沙漠治理的有机结合，在光伏发电的同时进行沙漠绿化治理，促进生态恢复。

■ 3 原油加热工艺优化技术

3.1 技措背景

某采气作业区试采井单井生产、生活用电为发电机供电，现场生产采用机抽模式，单井生产的原油密度为0.97g/cm^3、含水53%，原油品质黏度大、含水高，需要对采出原油进行加热后脱水再进入大罐储存、拉运。在进行脱水过程中，现场配置一台60kW电磁加热器对井口产出的原油进行加热至50℃左右，增加原油油水分离效果及流动性能。现通过现场试验，预计增加25kW电伴热及电热板对工艺流程及设备进行加热方可满足脱水及原油罐车低温环境下的装车条件，减少现场用电负荷。

3.2 技措方案

（1）将原油工艺管线增加电伴热，把电伴热的作用由保温变为加热，提高原油流动性能。

（2）在大罐底部加防爆电加热板，在装油前启动电热板加热罐底原油，提高流动性能，提高装车效率。

3.3 实施效果

减少60kW电磁加热器耗电，增加25kW电伴热及电热板耗电，相同运行时间下减少耗电量35kW·h。全年减少耗电量24.36×10^4kW·h，预计节约费用超10万元，每年减少碳排放230.99t。

4 单井光伏源网荷储技术

4.1 技措背景

某井无经济合理的外部电源可依托，原利用燃气发电机为井场供电，但需要人员值守且浪费气源，急需一种环保节能的供电方式减少碳排放与人力投入。

该井采用单电源供电，考虑到该井无经济合理的外部电源可依托、用电负荷较小、当地气候条件(日照较好)等多方面因素，采用光伏发电系统供电方案。充分利用该井地域优势和自然资源，在满足该井正常生产的同时，减少人员场站值守支出，实现低碳节能的自动化井场建设。新建光伏发电系统装机容量47520W，储能容量达到3424Ah(按照24h连续供电时间考虑)。

4.2 技措方案

采用微网供电系统。该系统由储能电池、光伏组件、光储并离网一体机(含光伏单元、油机接入单元、逆变单元、隔离变压器等)、控制系统、配电系统、监控系统等组成。

光伏组件采用单块为450Wp的光伏组件，共108块，每6块串联1组，最终容量为47.52kWp。蓄电池连接采用单体2V/2000Ah，每24节串联一组，共2组，形成48V/4000Ah电池组。0.4kV配电系统采用以放射式为主、树干式为辅的配电方式为井场加热炉橇、RTU、摄像机及各类报警控制器等供电。

4.3 实施效果

该光伏系统于2022年5月建成投运，投运后，各系统运行状况平稳，满足井现场生产用电及运行需求，目前该井生产运行状态平稳，燃气发电机全部退出运行，实现由驻人值守向无人值守的数字化管理转变。

(1) 节约井场维护费用

该井原供电方式为燃气发电机供电，现场发电机一备一用，采用井场分离的天然气发电，并设有一名承办商负责现场运行维护工作。共涉及设备日常运行、大修、人工等费用，计每日费用1105元。一次性运输、安装、机具等费用20000元/口井。该井位于提尔根区块，距某工业园区近65km，为保障该井正常生产，需每日前往巡检，改投光伏后调整为每月一巡，年节省燃油费用近万元(按耗油8.5L/百km、燃油费用8.5元/L计)。合计每年可节约费用数十万元。

(2) 低碳节能效果

井场原采用燃气发电机功率为 100kW/h，预计年耗气发电量 87.6×10^4kW·h，折合年度节能 563tce，减少碳排放 1250t。

第六节 碳汇林固碳篇

■ 1 沙漠公路固碳技术

沙漠公路作为我国首条零碳公路，不仅是技术创新的成果，更具有重要的示范意义，为全球推进低碳发展贡献了力量。由于荒漠生态系统稳定性差，受到破坏后较难恢复，估测方法的合理选择很关键。此次研究综合运用生物量法和光合速率法，对沙漠公路三种防护林的固碳释氧能力和碳储量进行综合估算。两种方法各有优缺点，生物量法主要应用于宏观尺度，依赖大规模的实地调查，其优点是技术比较完善，但缺点是对植被有一定的破坏性。而光合速率法能够反映某一阶段固碳释氧成果，通过获取植物单位叶面积的瞬时光合速率和呼吸速率，来推算单位面积的固碳量，其优点是可以对光合速率、呼吸速率进行多因素的量化研究，缺点是工作比较繁杂。生物量法计算得出梭梭总固碳量为 45.32×10^4t，沙拐枣为 8.84×10^4t，柽柳为 2.35×10^4t；光合速率法计算得出梭梭、柽柳和沙拐枣的年固碳量分别为 2.52×10^4t、0.66×10^4t 和 0.37×10^4t，三种植物年固碳量为 3.55×10^4t，相比之下，生物量法更加符合实际情况，且更加符合国家林业方法学法要求。

总体而言，沙漠公路三种人工防护林树种总固碳量和单株年固碳量均为梭梭最高，表明梭梭是该区域较优良的固碳植物，适度发展梭梭对碳的固定有利，在梭梭已是优势物种情况下，适当考虑种植柽柳则会给沙漠公路防护林带来更多碳汇。此外，研究人工防护林的碳汇特性和机制，可了解其在吸收大气中二氧化碳、固定碳元素方面的潜力和效果。通过合理规划、科学种植和管理，能够最大限度地提高人工防护林的碳汇量，实现沙漠公路在减缓气候变化方面的作用，促进碳减排和碳中和目标的达成。沙漠公路自建成以来，在助力生态环境高水平保护和推动社会、经济价值转化方面起着重要作用，具有较好的可持续性。通过AHP模糊评价法对沙漠公路在经济、社会和生态效益三个方面进行综合效益评价，评价结果为生态效益>社会效益>经济效益。可以看到沙漠公路带来的生态效益是极其显著的，而经济效益较低。后续运营过程中应注重创新，提高效率，尽可能缩短各效益的差距，争取实现综合效益的最大化和各效益的平衡发展。

2　塔里木油田固碳技术

中国石油塔里木油田分公司秉持“绿水青山就是金山银山”的理念，认真践行我国双碳目标，近20年来，先后在各采油气管理区(基地)进行植树造林工程，累计绿地面积达到了4269.45公顷，其中乔木累计种植818036棵，灌木累计种植6407925棵(沙漠公路除外)。采取抽样调查的科学方法，对13个采油气管理区(基地)的气象数据进行收集，并对碳汇起重要影响的温度和降水数据聚类分析，之后，把上述13个采油气管理区(基地)分为了以城市绿地为代表的库尔勒基地研究区、塔里木盆地北缘(天山南麓)为代表的某研究区、塔里木盆地腹地附近为代表的某研究区和以塔里木盆地南缘为代表的某研究区。

之后按照聚类分析的结果对这几个典型研究区进行线下实测，通过布设10m×10m的标准乔木样方来收集植被特征数据。根据国家林业碳汇调查标准及相关文献，确定研究区内树种的材积，利用材积-蓄积量-生物量公式将抽样的6个采油气管理区(基地)的乔木林固碳量数据换算到其他7个采油气管理区(基地)。最终通过计算得到了13个采油气管理区(基地)的乔木林总固碳量合计为40396.34t，年均固碳量为3410.56t，其中库尔勒生活基地的乔木林固碳比例最高，达到了25.17%，塔西南生活基地、轮南某区的固碳比例较为接近，平均占比约为16.15%。综合分析生物量法和光合速率法之间的优缺点，最终选择了生物量法来估算13个采油气管理区(基地)的灌木林固碳量。这是因为生物量法主要应用于宏观尺度，适合大规模的实地调查，技术比较完善，可直接依据沙漠公路防护林带中生物量法测定结果来对13个采油气管理区(基地)的灌木林固碳量进行估算。

(1) 生物量模型建立和检验

将实测生长因子(株高 H、冠幅直径 L 及其组合因子植株体积 $V=CH=\pi\cdot$

$L_1 \cdot L_2 \cdot H/4$)作为生物量模型拟合的自变量，通过筛选最佳拟合变量，选取一次函数、二次函数、对数函数、幂函数和指数函数等模型进行拟合。生物量模型采用判定系数(R^2)、标准误(SEE)以及回归检验显著水平评价方程的优劣，判定系数 R^2 值最大，SEE 最小，回归显著($P<0.05$)的方程最优，方程的拟合精度最高。

一次函数经验公式：

$$W=a+bX$$

指数函数经验公式：

$$W=ae^{bX}$$

幂函数经验公式：

$$W=aX^b$$

式中，W 表示生物量；a、b、c 为方程拟合参数；e 为自然对数的底；X 为自变量(LH 和 V)。

采用预测值与实测值的回归决定系数 R^2、平均相对误差(RMA)和总相对误差(RS)检验。选用3种灌木树种的部分预测值和实测值进行回归分析。

总相对误差：

$$RMA=\frac{1}{n}\sum\left|\frac{(X_i-X_i)}{\overline{X}_i}\right|$$

平均相对误差：

$$RS=\frac{\sum X_i-\sum X_i}{\sum \overline{X}_i}$$

式中，X_i 代表实测值；X_i 代表预测值；n 代表样本数量。

(2) 生物量固碳法

通过碳储量与生物量的关系(生物量乘以含碳率)，估算人工林群落植被碳储量，植被碳储量公式：

$$Q=0.5W_{总}$$

式中，Q 为碳储量(t)；$W_{总}$ 为全株生物量(t)；采用IPCC推荐的灌木林含碳率平均值0.50。

生物量法固碳计算公式：

$$G_{碳}=3.67Q$$

式中，GC 为固碳量(t)；CO_2 与 C 的摩尔质量比约为3.67。

最终确定了灌木单株生物量的平均值为13.34kg。根据13个采油气管理区（基地）灌木累计种植棵数，计算得到总生物量为85481.71t，换算得到的灌木总固碳量为156716.46t，年均固碳量为11781.09t。

结合乔木林和灌木林固碳量，合计得到了13个采油气管理区（基地）林木总固碳量达到了197112.80t。可以说林木固碳的效果非常可观。当前，随着全球气候变化问题日益严重，环境保护和可持续发展成为国际社会关注的焦点。林业作为地球上最重要的生态系统之一，具有减缓气候变化、保护生物多样性和维持水资源等多种功能。林业碳汇作为森林生态系统的重要组成部分，对于实现我国碳中和目标具有重要意义。今后发展应加强林业碳汇科学研究，加快建立林业碳汇计量检测点，提高碳汇计量与监测技术水平，加快开展林业固碳能力调查检测、温室气体排放林业指标基础统计、森林增长及其固碳增汇能力评估工作，建立林业碳汇项目储备库，积极参与国家碳汇市场交易。总之，林业碳汇在减缓气候变化、保护生物多样性和维持水资源等方面具有重要作用。

第四章

低碳节能思考与展望

第一节 油气田低碳节能技术总结

■ 1 总体的形势

全球气候变化已经成为工业界面临的直接挑战、各国政策的焦点以及各大企业的关注点。为了应对气候变化，世界各国纷纷提出了面向碳达峰、碳中和的“双碳”目标，并制定了具体的实施路径。2020 年 9 月 22 日，习近平总书记在第七十五届联合国大会一般性辩论上宣布，中国将采取更加有力的政策和措施，二氧化碳排放力争于 2030 年前达到峰值，努力争取 2060 年前实现碳中和。此后，相关部门高度关注温室气体排放的重点行业，尤其是能源行业，陆续出台了一系列政策以推进能源行业的节能减排工作。

在此背景下，油气田企业既是能源生产大户，也是能源消费大户，肩负着油气增储上产和节能降耗减碳扩绿的双重任务。但我国油气田的能源消耗以化石能源燃烧和无效损耗为主。此外，随着新区块勘探开发难度增大、油气资源品位下降，老区块设备能效降低、油气田含水上升，处理、净化工作量增大，能耗总量增大，碳排放也呈上升趋势。因此，发展能源新质生产力，加快油气田绿色低碳转型，改变油气生产系统以化石能源燃烧为主的能耗结构，大力发展清洁能源、实施化石能源清洁替代势在必行。

为此，油气田各企业基于自身的有利条件，试验并推广应用了一系列低碳节能技术，并取得了显著的成效。例如，大庆油田历经两年攻关，于 2023 年成功打造了朝阳燃煤锅炉房“U 型井”清洁替代示范工程。该工程构建的 U 型井，水平井垂深 2850m，井径 256mm，水平段长度 1001m，进水温度 20℃，出水温度恒温 60℃，流量约 $50m^3/h$。利用 U 型井实现地热利用取热不取水，预计供暖面积 $(3\sim5)\times10^4m^2$。长庆油田在神 6 集齐站应用等离子火炬，回收约 $1\times10^4m^3$ 天然气，并进一步推广至苏里格、塔中、满深等国内气田。新疆油田在风城油田重

37井区开展高温光热利用先导试验，优选小定日镜塔式光热制蒸汽技术，聚光场总采光面积$5.15\times10^4m^2$，吸热塔高度100m，全年集热量3.73MW·h，建成后年可供汽量5.2×10^4t、替代天然气$392\times10^4m^3$。塔里木油田、冀东油田联合研发新型光热储真空加热炉，包括“集热、储热、加热”三个主要单元，集成“输送、计量、控制”功能，形成以“光热为主、电热辅助或应急”的成套设备。该光热储真空加热炉的光热贡献率可达95%，经评估达到国际先进水平。截至2024年6月，西南油气田、塔里木油田已实现天然气余压发电技术规模化发展，建成天然气余压发电装置超过13套，装机规模超7.6MW，充分将天然气集输过程中剩余的压力转化为电能，并满足站场设备用电需求。

未来，随着我国持续推进“双碳”战略，推动能源产业高质量发展，油气田企业也将持续加大低碳节能技术的投入力度，不断研发和突破低碳节能新技术、新方法、新模式，逐步实现生产用能清洁化，实现绿色低碳转型。以中国石油为例，预计到2025年新能源结构占比达到7%，到2035年新能源产能当量达到1×10^8t，实现国内新能源与油、气“三分天下”，在2050年左右实现“净零排放”，全面建成基业长青的世界一流企业。

■ 2 面临的挑战

虽然油气田企业已经探索并试验低碳节能技术，但总体而言，油气田的低碳节能转型仍处于快速起步阶段，油气田的生产系统清洁程度有待提升。以塔里木油田为例，2023年分布式光伏生产绿电$2895\times10^4kW\cdot h$，光热、余热、地热利用量总计1.67×10^4tce，折合天然气约$1306\times10^4m^3$。但在能耗结构中，清洁电力、清洁热力的占比还很低，分别为1.59%、5.80%。因此，油气田企业的节能降耗降碳扩绿工作还有很大的挖潜空间。

与此同时，在油气田企业加大生产用能清洁替代、增加油气商品量的过程中，管理、技术、经济方面仍面临许多挑战。

(1) 资源开发技术条件的限制

现阶段可大规模利用的清洁能源主要是风能、太阳能和地热能。根据国务院新闻办公室2024年8月发布的《中国的能源转型》白皮书，截至2023年底，中国风电、光伏发电累计装机容量(图4-1)分别达到4.41×10^8kW、6.09×10^8kW，合计较10年前增长了10倍。风电、光伏、水电等清洁能源发电量约3.8×10^{12}kW·h，占总发电量比重为39.7%。

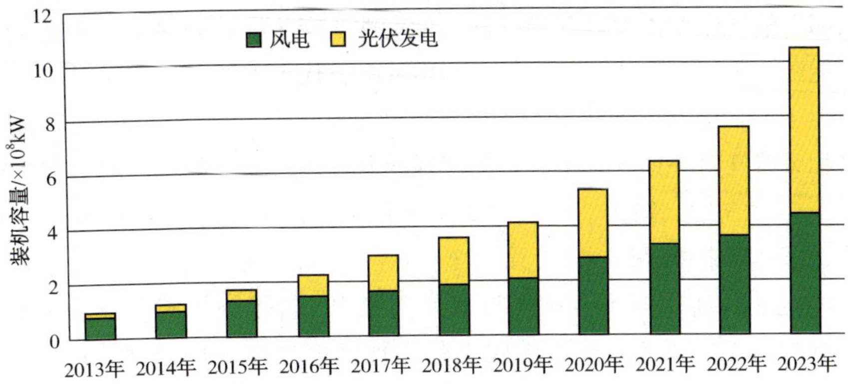

图4-1　中国风电、光伏累计装机容量（2013—2023年）

与此同时，2020年陆上风电的平准化度电成本平均值低至0.277元/（kW·h），2022年光伏发电的平准化度电成本平均值低至0.22元/（kW·h），并且随着发电规模的不断增长，成本持续下降。但风电、光伏发电均具有随机性、波动性和不稳定性的特点，且年发电小时数低，无法单独满足油气生产系统的连续运行需求。而在多种形式的储能技术中，如电化学储能、光热熔盐储能、压缩空气储能、重力储能、飞轮储能等，多数仍处于试验示范阶段，仅有电化学储能等少数技术实现规模化工程应用。并且，由于电池循环寿命的限制，电化学储能全生命周期的综合成本高于0.9元/（kW·h）。通过风光发电+电化学储能替代自产天然气供热，仍然缺乏经济性，油气田企业难以承受。

光热虽然具有取之不尽、用之不竭的显著优点，并且我国北方油田的太阳能资源相对丰富，但光热利用技术的建设成本相对偏高，每兆瓦的建设投资约1200万元，以2023年的天然气经济评价价格测算，内部收益率低，规模化应用还需降低成本。地热利用受到资源分布的限制。环渤海地区地热资源丰富、品位高，华北、冀东、大港、胜利等油田已利用地热规模化开展了地热供暖和生产用能替代；松辽盆地的地热资源丰富、品位中等，低孔低渗透热储层开采仍存在技术难题，但大庆油田已经建设U型井试验开发地热资源；而鄂尔多斯、准噶尔、塔里木等盆地属于温盆或冷盆，优质地热资源较少，难以实现规模化应用。同时，由于资源空间分布不均衡，地热的利用还需要解决源汇不匹配的问题。

(2) 油气生产模式和用能的限制

当前，油气生产需要确保连续性、稳定性、安全性，同时油气田的能耗结构以化石能源为主，电气化水平较低。利用网电替代天然气可以满足油气生产的需求，但由于 $1m^3$ 天然气的热值约是 1 度电热值的 8 倍，按照 2022 年各油气田购电价格和天然气对外销售价格，直接使用网电替代天然气进行加热的成本是燃气加热的 1.9~2.3 倍，碳排放是燃气的 2.3 倍。因此，以网电替代天然气直接加热，从经济、碳排放两方面来看，均不可行。而风光绿电天然气具有的波动性、储能技术的高昂成本，使得直接使用绿电+储能替代天然气也面临困境。因此，现有的工艺流程和生产模式无法实现绿电的高比例消纳，以网电为主、绿电为辅的供能方式也无法满足油气生产连续、稳定、清洁、低成本的能源消费需求。

(3) 碳排放管理体系不完善

截至 2023 年底，油气田勘探开发行业的碳排放管理是以能源消耗总量和强度调控为主，且尚未纳入国家重点监管的碳排放行业，未能构建以标准规范为核心的包括碳预算、碳监测、碳核算、碳足迹的较为完善的碳排放管理体系。例如，在碳预算方面，多数油气田基于其实际情况，提出了不同程度面向碳达峰、碳中和的碳排放管理计划，但随着老油气田含水率不断上升和新开发油气资源品质的劣质化，CCUS 注入规模不及预期，新规划项目设定的碳预算目标可能无法实现，亟待评估和修订。在碳核算方面，虽然油气田企业初步建立了核算体系，但由于岗位轮换、人员理解偏差、数据来源众多等因素，碳排放核算数据混乱等问题依然存在。同时，碳核算采用的甲烷逸散因子默认值与实际存在一定差异，使得现有的碳核算方法有待完善。在碳足迹方面，天然气、原油、乙烷等油气田主要产品的碳足迹评价仍处于探索阶段，相关产品碳足迹核算标准尚处于起步阶段。

综上所述，油气田绿色低碳转型还面临政策、技术、经济、管理等多方面的挑战。未来，还需要研究制定技术成熟、经济可行的清洁替代和再电气化技术方案，形成多能互补、清洁低碳的用能结构，逐步构建绿色低碳智能化的变工况生产模式，全面推动油气田绿色低碳发展。

第二节　油气田低碳转型发展趋势

■ 1　碳排放双控体系加快构建

习近平总书记曾多次就推动能耗双控转向碳排放双控作出重要指示批示，要求创造条件尽早实现能耗双控向碳排放总量和强度双控转变，加快形成减污降碳的激励约束机制。党的二十大报告提出，要完善能源消耗总量和强度调控，重点控制化石能源消费，逐步转向碳排放总量和强度双控制。党的二十届三中全会要求建立能耗双控向碳排放双控全面转型新机制。

2024 年 8 月 2 日，国务院办公厅印发《加快构建碳排放双控制度体系工作方案》（以下简称《方案》），提出到 2025 年、“十五五”时期、碳达峰后 3 个阶段工作目标。一是到 2025 年，碳排放相关统计核算、监测计量能力得到提升，为“十五五”时期在全国范围实施碳排放双控奠定基础。二是“十五五”时期，实施以强度控制为主、总量控制为辅的碳排放双控制度，建立碳达峰碳中和综合评价考核制度，确保如期实现碳达峰目标。三是碳达峰后，实施以总量控制为主、强度控制为辅的碳排放双控制度，建立碳中和目标评价考核制度，进一步强化对各地区及重点领域、行业、企业的碳排放管控要求，推动碳排放总量稳中有降。

《方案》立足当前实际，以建立健全地方碳考核、行业碳管控、企业碳管理、项目碳评价、产品碳足迹等政策制度和管理机制为重点，系统部署了六项重点任务。

在国家层面，将碳排放纳入总体规划。这是将碳达峰、碳中和目标任务全面融入经济社会发展中长期规划的必然要求。“十五五”时期，将碳排放强度降低作为国民经济和社会发展约束性目标，合理确定五年规划期碳排放目标，并对重点任务和重大工程进行统筹部署，开展碳排放总量核算。

在地方层面，建立碳排放目标评价考核制度。要实现双碳目标，必须坚持全国一盘棋，而“指挥棒”就是区域的碳排放目标考核制度。在合理分解指标的基础上，制定出台碳达峰碳中和综合评价考核办法，统筹建立评价考核指标体系。推动省市两级建立碳排放预算管理制度，强化对区域碳排放的管理和调控能力。

在重点行业层面，建立碳排放预警管控机制。电力、钢铁、有色、建材、石化、化工等工业行业和城乡建设、交通运输等领域是碳减排的重点。要合理划定行业碳减排的范围，摸清行业领域碳排放底数和减排潜力，常态化开展碳排放监测分析预警，并视情况采取管控措施。

在企业层面，强化节能降碳管理制度。重点用能和碳排放单位是碳排放管理的“牛鼻子”。要制定出台重点用能和碳排放单位节能降碳管理办法，将碳排放管控要求纳入现行重点用能单位管理制度。充分发挥市场机制调控作用，扩大全国碳排放权交易市场覆盖范围，探索配额有偿分配机制；健全全国温室气体自愿减排交易市场，推动更大范围减排；完善绿证交易市场，促进绿色电力消费。

在项目层面，开展固定资产投资项目碳排放评价。以重大项目为重点，结合碳预算制度，把好碳排放“入口关”。将碳排放评价有关要求纳入固定资产投资项目节能审查，对项目用能和碳排放情况开展综合评价，制定重点行业建设项目温室气体排放环境影响评价技术规范。

在产品层面，建立产品碳足迹管理体系。碳足迹管理是连接国际与国内、政府与企业的重要发力点。要加快制定产品碳足迹规则标准，按照急用先行原则制定一批碳足迹核算规则标准。加强碳足迹背景数据库建设，建立定期更新发布机制。加快建立产品碳标识认证制度。

《方案》明确提出了建立能耗双控向碳排放双控全面转型新机制，树立鼓励可再生能源发展、重点控制化石能源消费的鲜明导向；有利于促进绿色低碳先进技术研发应用，因地制宜培育新质生产力。

综上所述，油气田企业作为我国能源行业的上游领域的重点企业，也是碳排放的重点监管企业，提前做好碳排放总量和强度控制工作，研究开展碳预算、碳核算、碳足迹、碳资产等工作，建立健全碳排放管理的标准制度体系，加快构建碳排放双控体系是必经之路。

■ 2　油气和新能源融合发展

2023 年 3 月，国家能源局印发《加快油气勘探开发与新能源融合发展行动方案(2023—2025 年)》，提出大力推动油气勘探开发和新能源融合发展，积极扩大油气企业开发利用绿电规模。到 2025 年，通过低成本绿电支撑减氧空气驱、二氧化碳驱、稠油热采电加热辅助等三次采油方式累计增产原油 200×10^4t 以上；加快开发利用地热、风能和太阳能资源，积极推进环境友好、节能减排、多能融合的油气生产体系，努力打造“低碳”“零碳”油气田。2024 年 8 月 29 日，国务院新闻办公室发布的《中国的能源转型》白皮书提出，要大力发展能源新质生产力，培育能源新业态新模式。在此过程中，需要统筹考虑油气增储上产和绿色低碳转型之间的关系。

实际上，原油、天然气等传统能源和新能源是互补、替代关系，大力发展新能源的同时，也要发挥好传统能源支撑和兜底保障作用，推动新能源和传统能源协同发展。通过将油气与新能源融合发展，可以发挥两者的互补优势，实现 1+1>2 的效果。这种融合不仅能够促进油气的绿色生产，还能增强新能源的稳定性和出力的可靠性，确保能源供应的安全性。这种融合策略是优化能源结构、增强多元化保障能力的重要解决方案，对于保障国家能源安全也具有重大的战略意义。

在发展能源新质生产力的背景下，油气和新能源融合发展是未来一段时期内能源发展的主要格局。而油气和新能源融合发展也要求油气田企业从自身用能、对外供能两方面着手，建立多样化的能源消费和供应模式，从而将传统的油气生产基地转变为清洁基地，将油气田转变为热能田、电能田和碳能田，为能源供应链持续健康地增长注入新的活力，实现自身从单一油气生产供应公司到综合性能源公司转变。

■ 3 生产模式变革势在必行

随着油气田逐步推进清洁能源开发利用，新能源不稳定不连续与油气生产要求供能稳定可靠之间的矛盾愈发突出。限于当前的技术水平，风光发电的固有特性无法改变，就不得不对油气田生产系统自身进行改变。未来一段时间内，主要可行的路径如下：

（1）转变生产方式，实现柔性用能。利用生产系统负荷的余量和油气田高含水等有利因素，生产方式从连续、均匀向间歇、变工况运行转变，提升与新能源特性的匹配度，增加绿电消纳。以绿电消纳为特点的新生产模式有利于利用弃风弃光。随着国家新能源装机快速增长，调峰能力和外输通道的制约将日益显现，光伏风电上网难和限电率高等挑战将更加突出。尤其是油气田企业多数位于我国能源丰富的盆地或平原，受到的影响会更加明显。具体而言，转变生产方式还需要对油气田整个生产系统进行分解研究，寻找可行的技术方案替代调峰储能、增加绿电消纳，包括油井智能间抽、间歇加热、变负荷处理、自储热、变工况管输、采用绿电热水蓄热、变流量注气和变工况注水等。以智能间抽为例，该技术是目前提高低产低举升效率最直接、最有效的手段。对日产液 $5m^3$ 以下的油井实施智能间抽，在绿电高峰时段开井，既节能降耗，又增加了绿电消纳。长庆油田、塔里木油田共已实施智能间抽的机采井超过 16860 口，明显提升了机采系统的平均效率。未来，预计中国石油有 8 万口左右的油井可实施智能间抽，可增加绿电消纳 6200×10^4kW·h，推广应用前景广阔。

（2）变革地面工艺，实现高效低耗用能。风光发电小时数低，绿电+储能不经济，在网电的支撑下，提高电气化率，利用工艺优化、热泵等作为倍增器，使网电加热经济可行，并支撑绿电消纳。基于油气集输的工艺特点，试验和推广油气混输、不加热集输，推广前端就地防水，从而优化集输工艺，减少用能设备，降低集输系统的能耗和碳排放。充分利用电加热的灵活性，因地制宜布置涡流加热等新型电磁加热器，简化井口地面工艺，降低技术能耗。油气处理场站，基于㶲分析和夹点分析开展能量系统优化，改进不合理用电点，降低油气处理场站的能耗和碳排放。研究电强化高效处理技术和设备，提高处理效率，推广应用热泵等“倍增器”，利用空气、土壤等自然冷热源、余热和地热，以更少的电力换取更多的热能。使电替代天然气能够带来额外的收益。例如，塔里木油田某空气源热泵投运后实际日节电 754kW·h，相比电磁加热器节电率达到 65.5%，折算年节电 24.88×10^4kW·h，年均减少碳排放 166t。

（3）建立分布式供能体系，实现多能互补。油气田目前的能耗结构以天然气为主，电气化率也较低，而终端用能电气化是发展的必然趋势。现有能耗结构和生产方式基本已无法实现与新能源的有效融合。因此，生产方式改变、地面工艺变革，需要配套建设分布式能源，改造油气田已有电网，打造以用能负荷为中心，源网荷储一体化的分布式智能电网。分布式能源是一种建在用户端的能源供应方式，是采用需求应对式设计和模块化配置的新型能源系统，是相对于集中式供能的分散式供能方式。当前，分布式能源已经成为油气田发展清洁能源的重要组成部分。以塔里木油田为例，2023 年其清洁能源产能当量共 5.35×10^4tce，其中分布式能源贡献了 49.5%。分布式能源可以生产绿电且更靠近用户侧，有助于减少能源输送过程中的损耗，从而推动油气生产节能提效和能耗结构转型升级。因此，未来油气田企业也必将持续推进分布式能源的建设。

■ 4 数字化智能化转型加快

科技是第一生产力，创新是第一动力。油气田绿色低碳转型的过程中，需要大力推进信息技术、数字技术与油气产业深度融合，催生新技术、新业态、新模式，为油气田企业现代化插上腾飞的“翅膀”。

以数字化智能化技术推动油气田转型升级，加快智能油气田建设，需要克服业务管理层面的信息孤岛问题、业务与信息化融合之间的壁垒、业务标准化、数据资源化、生产设备物联网等一系列问题。为了克服这些问题，需要以油田多专业、多维度、多时空、实时完整、关联统一的全域数据为核心，通过专业理论、专业设备、专业技术、信息技术创新，特别是管理创新，在“两化”深度融合的大背景下，实现现实业务场景与数字仿真场景之间的实时交互，实时支撑现实业务的生产智能化和工作智慧化。这一过程也是油气田企业从自动化、信息化、数字化(数智化)到智慧化的逐步演进过程。

目前，能源的数字化、智能化转型步伐正在加快，带动了油气田企业提升生产效率，降低生产成本，增强能源安全保障能力。例如，截至 2023 年底，中国石油累计建成数字化井 24.5 万口，场站 2.61 万座。长庆油田建成中国规模最大的油气生产物联网系统，油气水井、场站数字化覆盖率分别达到 98.2%、100%，无人值守场站覆盖率超过 83%。

未来，随着数字化建设的逐步实施，油气田将构建综合性的能源管控系统，打造支撑当前、引领未来的新型数字化能力，推动业务模式重构、管理模式变革、商业模式创新，以高水平数智化转型支撑绿色低碳技术的应用，支撑油气田新型电力系统建设，支撑高质量发展。最终，油气田企业将建成智能感知、智能控制、智能预警、全面协同、智能分析、科学决策的油气田。

第三节 油气田低碳节能发展建议

■ 1 探索构建碳排放双控体系

随着国家逐步建立能耗双控向碳排放双控全面转型的新机制，油气田企业探索构建企业自身的碳排放双控体系成为必由之路。提前做好碳排放总量和强度控制工作，可以为后期政策调整赢得主动权。

（1）启动碳预算制度的建立和完善。油气田企业应结合国家、所在地区和所属公司的要求，建立和完善自身面向"双碳"目标的碳预算制度。以重大项目为重点，结合碳预算制度，把好碳排放"入口关"。同时，制修订固定资产投资项目节能降碳审查标准，基于标准开展新改扩项目用能和碳排放情况的综合评价，以落实碳预算计划，助力国家"双碳"目标能够如期实现。

（2）完善碳排放监测核算体系。油气田企业宜因地制宜选用合适的监测工具，加强场站碳排放监测工作，以获取碳排放因子实测值，适时推动相关核算标准的碳排放因子修订。同时，进一步完善碳排放管理制度，制修订碳排放的核算方法，并开展相关制度的宣贯和培训，提升从业人员的能力，获取国家认证机构颁发的碳排放核算师等专业证书。基于自身的碳排放情况，梳理温室气体减排重点项目，建立健全碳资产管理办法，积极参与国内外温室气体减排项目开发。

（3）建立原油、天然气等产品碳足迹核算标准体系。碳足迹管理是连接国际与国内、政府与企业的重要发力点。油气田企业宜积极开展天然气、原油等主要产品的碳足迹核算的试点工作，逐步扩大产品碳足迹覆盖范围，联合制定一批碳足迹核算规则标准。探索建设天然气、原油等产品碳足迹背景数据库，并建立定期更新发布机制。

■ 2 推进油气和新能源融合发展

绿色发展是高质量发展的底色，新质生产力本身就是绿色生产力。在发展能源新质生产力的背景下，油气和新能源融合发展是未来一段时期内能源发展的主要格局。为此，油气田企业要从自身用能、对外供能两方面着手，推进内部用能高效、清洁化，对外供能综合低碳化，伴生资源产品化，进而实现自身从单一油气生产供应公司到综合性能源公司转变。

在自身用能方面，瞄准绿色油气田建设，充分利用自身的资源优势，如太阳能、风能、地热能、余压等清洁能源，通过光伏发电、风力发电、余压发电、光热供能、余热利用等多种途径为生产系统供能，替代或减少天然气、柴油等化石能源的消耗，形成多能互补、清洁低碳的用能结构，打造清洁高效的新型能源消费体系。同时，大力推进碳捕集、利用与封存（CCUS）技术，开展造林碳汇相关工作，以绿色宜居为引领，建设“净零”排放油气田示范区。

在对外供能方面，加大油气增储上产力度的同时，逐步从仅提供原油、天然气、煤炭等高碳基传统能源产品向提供氢气、绿电、天然气等低碳(零碳)基清洁能源产品转型。探索建立可再生能源制氢、氢能管道输送和油气电氢一体化综合能源服务站。在保障油气战略能源产品供应的前提下，因地制宜开发风光热电氢等清洁能源产品，建设“沙戈荒”新能源基地等重点工程，并对外提供油气开采伴生的有价资源产品，如氦、锂、溴等，逐步建设具有典型示范意义的“超级能源盆地”。

此外，随着新能源的快速发展，配套大规模长周期储能设施不但是提高风光利用小时数、提高清洁替代率的关键，随着分时电价价差越来越大，还可以降低高峰时段的用电负荷，增加低谷用电量，降低用电成本。目前，国内正在进行盐穴压缩空气储能试验、示范，中国石油也正在开展科研攻关。因此，油气田企业参照压缩空气储能的思路，摸排自身实际情况，尝试利用已有枯竭油气藏和已建生产设施，以及油气田周边的天然气管网，探索枯竭油气藏压缩空气、压缩天然气的储能方式，试验建立地下储氢库，逐步形成国内油气田企业具有优势的储能、储氢技术。

■ 3 强化自身节能降耗减碳扩绿

根据“双碳”目标下对油气田低碳节能路径的分析，油气田企业结合自身碳排放的结构特点，统筹推进节能降耗、清洁替代、再电气化、低碳建产、CCUS、造林碳汇等全过程低碳节能行动，推进节能降耗减碳扩绿工作，替代自用油气，增加商品供应量。

在节能降耗方面，一是采取橇装化 CNG、LNG 回收或就地发电利用等方式，开展放空气、闪蒸气的回收，减少试油试气、采油采气和油气集输处理环节的无效损耗。二是针对油气田机采、集输、处理、注水等系统，运用地上地下一体化的系统思维，以全局最优为目标，利用过程模拟、优化模型，提出全流程全系统用能的优化简化方案，提升设备、系统的整体运行效率。三是通过可行的技术方案，如油井智能间抽、间歇加热、变负荷处理、变工况注水等，使生产方式从连续、均匀向间歇、变工况运行转变，提升与新能源特性的匹配度，建立绿色低碳的变工况生产模式，实现自身生产用能柔性化。

在清洁替代方面，一是在建井阶段，大力推广可控震源替换炸药震源，优选环保型的激发、接收、运载设备和辅助设备，并推进网电替代钻井、压裂时的柴油发电。二是在建产阶段，严格执行国家、地方及公司的项目节能降碳要求，运用对标管理工作方法，组织开展项目能耗强度、碳排放强度、电气化率等新能源指标对标，量化低碳建产各项指标，优化简化新该扩项目的设计方案，提高清洁能源占比、推广节能高效低碳用能设备；三是在生产阶段，因地制宜回收利用油气开发过程中的余压、余热、地热以及空气、土壤等自然冷热源，建设与用能端匹配的分布式光伏、风电，推进电力、热力清洁替代，逐步提高清洁能源利用率。四是在油气田区域内，打造融合风、光、热、储、氢多能互补的分布式能源供应体系，提高油气生产清洁能源占比，建立综合能源智慧管控系统，促进系统优化和高效配置。

在 CCUS 方面，组织评估油气田自身的实际情况，编制 CCUS 专项发展规划。对于多数油气田而言，近期以已开展试验的项目为样本，重点提升碳捕集、碳埋存的能力，完善相关配套技术，优选区块开展先导性试验。远期则研究低成本的碳捕集、运输方式，扩大碳埋存规模，提升数字化监测的能力，探索 CCUS 技术的可持续发展方式，如 CCUS-EOR、CCUS-RU 等。

在造林碳汇方面，瞄准绿色矿山建设，统筹实施生活基地、油气矿区及周边的绿化、造林等工作，增加植树造林的面积，改善区域生态环境。同时，研究矿区特有植被的固碳量，改进植树造林方式。

此外，针对光热利用建设成本较高、高比例风光发电影响电网安全等问题，应加强低成本清洁能源利用技术攻关，如高效电加热技术、中高温光热利用技术、低成本储能技术、高可再生能源比例下的电网安全运行技术等。同时，油气田的低碳化转型也需要大量的经济投入，油气田积极与地方政府、所属企业沟通，争取节能低碳的支持政策，包括在土地使用和税收方面提供的优惠措施，以缓解油气田低碳化转型的财务压力。

■ 4 持续实施智慧油气田建设

油气田的绿色低碳转型与数字化智能化转型相辅相成。唯有持续实施智慧油气田建设，才能通过技术革新改变油气田的管理方式，挖掘生产系统的节能降耗潜力，综合提升管理效率、经营效益。

具体而言，从以下几个方面着手逐步建设智慧油气田：一是强化数据治理。通过制定数据的使用标准及规范，保障数据的内外部使用和交换的一致性和准确性的规范性约束；通过物联网、区块链等技术实现数据的自动采集、数据共享和数据质量管控，从而完成油气田企业的数据治理。二是挖掘数据价值。基于采集的油气、清洁能源的生产数据，综合利用石油地质模型和数据模型，构建油气藏、清洁能源的数据链，优化业务流程、提高数据质量、提高工作效率，充分挖掘数据效能，提升生产数据的业务价值水平。三是打造区域数据湖。以油气田为整体建设区域数据湖，打通油气田企业与所属公司之间的数据交互，实现业务数据共享、双向同步。四是研发更高层级的人工智能技术。在数据湖的基础上，开发更智能、更高效的人工智能技术，综合物联网、大数据、云计算、区块链、人工智能等五大信息技术，建设智慧油气田的中枢系统，实现对油气田业务的智能感知、智能控制、智能预警、全面协同、智能分析和科学决策。

参考文献

[1] Wang Min, Zhang YingYi, Min Fan. Active Learning Through Multi-Standard Optimization[J]. IEEE Access, 2019, Vol. 7: 56772-56784.

[2] 汪敏，武禹伯，闵帆．基于多种聚类算法和多元线性回归的多分类主动学习算法[J]. 计算机应用，2020，40(12)：8.

[3] Wang Min, Yang Chunyu, Zhao Fei. Cost - Sensitive Active Learning for Incomplete Data [J]. IEEE TRANSACTIONS ON SYSTEMS MAN CYBERNETICS-SYSTEMS, 2023, 53(1): 405-416.

[4] Wang Min, Yu Hongtian, Min Fan. Noise label learning through label confidence statistical inference. [J]. Knowledge-Based Systems, 2021, Vol. 227: 107234.

[5] 范玮，林国强，高洁玉，等．塔里木油田在双碳目标下的绿色发展实践[J]. 石油石化节能，2023，13(5)：1-4.

[6] 肖斌，谢珊，刘丽艳，等．混合采样注意力机制的油井效率预测方法：CN116128158A[P]. 2023-05-16.

[7] 任军平，孙军，王小鹏，等．分离装置的能耗测试方法及分离装置：CN112179687A[P]. 2021-01-05.

[8] 汪敏，伍文静，张安安，等．一种基于不确定性的电气设备异常数据清洗方法：CN116204844A[P]. 2023-06-02.

[9] 刘丽艳，彭贵秀，汪敏，等．领域知识约束下深度特征融合的光伏发电功率预测方法：CN117556379A[P]. 2024-02-13.

[10] 刘丽艳，冯露萱，汪敏，等．概率编译码架构下光伏组件清洁周期预测方法：CN117131790A[P]. 2023-11-28.

[11] 苗馨月，王克林，卢亚男，等．塔里木盆地太阳能资源分布及可利用量分析[J]．石油石化节能，2023，13(5)：9-14.

[12] Liu Hongtao, Miao Xinyue, Wang Kelin, et al. Synchronous defect passivation strategy via Lewis base for efficient and stable perovskite solar cells[J]. Journal of Materials Science: Materials in Electronics, Vol. 33(34): 26040-26049.

[13] 邓乾星，耿海龙，赵冬立，等．塔中沙漠公路零碳示范工程案例研究[J]．石油石化节能，2023，13(5)：15-21.

[14] 中国光伏行业协会．中国光伏产业发展路线图(2022—2023 年)[EB/OL]．(2023-02-23)[2023-04-01].

[15] 国网能源研究院有限公司．中国新能源发电分析报告(2021)[M]．北京：中国电力出版社，2021.

[16] 熊新强，云庆，李冰，等．"双碳"目标下油气生产系统清洁替代及再电气化路径思考[J]．石油科技论坛，2023，42(02)：21-29.

[17] 国家能源局．加快油气勘探开发与新能源融合发展行动方案(2023—2025 年)[EB/OL]．(2023-03-23)[2023-04-01].